W0039676

Katze

BETRIEBSANLEITUNG

GOLDMANN
Lesen erleben

[Vorderansicht]

[Seitenansicht links]

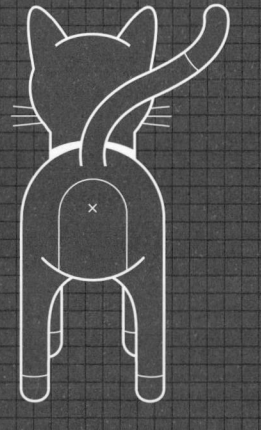

[Seitenansicht rechts]

[Rückansicht]

Dr. David Brunner und Sam Stall

Katze

BETRIEBSANLEITUNG

INBETRIEBNAHME, WARTUNG UND
INSTANDHALTUNG

Illustriert von Paul Kepple und Jude Buffum

Aus dem Amerikanischen von Angelika Feilhauer

GOLDMANN

Alle Ratschläge in diesem Buch wurden von den Autoren und vom Verlag sorgfältig
erwogen und geprüft. Eine Garantie kann dennoch nicht übernommen werden.
Eine Haftung des Autors beziehungsweise des Verlags und seiner Beauftragten für
Personen-, Sach- und Vermögensschäden ist daher ausgeschlossen.

Sollte diese Publikation Links auf Webseiten Dritter enthalten, so übernehmen wir für
deren Inhalte keine Haftung, da wir uns diese nicht zu eigen machen, sondern lediglich
auf deren Stand zum Zeitpunkt der Erstveröffentlichung verweisen.

Verlagsgruppe Random House FSC® N001967

4. Auflage
Vollständige Taschenbuchausgabe Oktober 2015
Wilhelm Goldmann Verlag, München, in der Verlagsgruppe
Random House GmbH, Neumarkter Str. 28, 81673 München
© 2004 der Originalausgabe Dr. David Brunner und Sam Stall
All rights reserved.
Originaltitel: The cat owner's manual
Originalverlag: Quirk Books, Philadelphia, Pennsylvania, USA
© 2005 der deutschen Erstausgabe
Sanssouci im Carl Hanser Verlag, München
© 2015 der vollständigen Taschenbuchausgabe
Wilhelm Goldmann Verlag, München,
in der Verlagsgruppe Random House GmbH
Umschlaggestaltung: Uno Werbeagentur, München
Umschlag- und Innenteilillustrationen: © Headcase Design,
Paul Kepple und Jude Buffum
Fachliche Beratung: Dr. med. vet. Siegfried Grieshaber
Druck und Bindung: CPI books GmbH, Leck
JE · Herstellung: IH
Printed in Germany
ISBN 978-3-442-17529-1

www.goldmann-verlag.de

Besuchen Sie den Goldmann Verlag im Netz

Inhalt

KAPITEL 7:
WACHSTUM UND ENTWICKLUNG 142

KAPITEL 8:
WARTUNG UND INSTANDHALTUNG 154

Willkommen
in der Welt Ihrer Katze!

[Vorsichtig auspacken]

ACHTUNG!

Ehe Sie mit dem Lesen dieser Bedienungsanleitung beginnen, überprüfen Sie bitte sorgfältig Ihr Modell. Sollte irgendeines der auf Seite
16/17 aufgeführten Standardteile fehlen oder nicht funktionsfähig
sein, konsultieren Sie umgehend den Service-Provider Ihrer Katze.

Herzlichen Glückwunsch! Sie haben gerade eine Katze angeschafft oder denken darüber nach. Die Nützlichkeit dieses Produkts als Hausgefährte und sein Unterhaltungswert sind rund um den Globus berühmt. Die Katze ist einer der beliebtesten und bekanntesten Markenartikel der Weltgeschichte, der von den alten ägyptischen Pharaonen ebenso geschätzt wurde wie von heutigen Großstadtbewohnern. Bei korrekter Inbetriebnahme und Instandhaltung werden auch Sie ihn lieben lernen.

Die Katze weist überraschende Übereinstimmungen mit anderen High-Tech-Geräten in Ihrem Haushalt auf. Wie ein Palm ist sie kompakt und transportabel. Und wie eine Alarmanlage funktioniert sie auch über längere Zeiträume hinweg selbständig und zuverlässig. Aber anders als fast jedes andere Produkt auf dem Markt ist sie weitgehend selbstreinigend.

Doch während den meisten High-Tech-Geräten eine Bedienungsanleitung beiliegt, fehlt sie bei Katzen. Und das, obwohl sie ein verwirrend komplexes Betriebssystem besitzen und ihre Mechanik feiner eingestellt ist als die der teuersten Autos. Es bedarf Expertenrats, um ihre hoch entwickelte Hard- und Software nicht nur zu verstehen, sondern auch richtig nutzen zu können.

Daher dieses Buch. *Die Katze* ist eine umfassende Betriebsanleitung, die Ihnen zeigt, wie Sie an Ihrer Katze die größtmögliche Freude haben werden. Dabei ist es nicht notwendig, das Buch von vorn bis hinten zu lesen. Zur einfachen Handhabung ist es in zehn Abschnitte unterteilt. Haben Sie eine Frage oder ein Problem, schlagen Sie eines der folgenden Kapitel auf:

ÜBERSICHT ÜBER MARKEN UND MODELLE (Seite 23 – 49) beschreibt Dutzende von Katzenmodellen, zeigt wichtige Hardware- und Softwarevarianten und gibt Tipps für die Auswahl eines geeigneten Modells.

INSTALLATION UND INBETRIEBNAHME (Seite 51 – 73) erklärt, wie Sie eine Katze gefahrlos zu Hause installieren und sie an ihre neuen menschlichen und/oder tierischen Hausgenossen anpassen.

INTERAKTION IM ALLTAG (Seite 75 – 93) befasst sich mit Fragen der routinemäßigen Wartung, den Feinheiten im Verhalten der Katze, ihrer Körpersprache und ihren Vorlieben beim Spiel.

BASISPROGRAMME (Seite 95 – 109) bietet einen Überblick über serienmäßig installierte Software (angeborene Verhaltensweisen) und vom User installierbare Zusatz-Software (Erziehung).

ENERGIEVERSORGUNG DER KATZE (Seite 111–123) behandelt die richtige Ernährung Ihrer Katze, einschließlich Fütterungszeiten, Futtertypen und Futtermengen.

WARTUNG DER OBERFLÄCHE (Seite 125–141) erläutert Fragen der Körperpflege, beispielsweise wie die Katze gebürstet oder gebadet wird.

WACHSTUM UND ENTWICKLUNG (Seite 143–152) beschreibt die wichtigsten Phasen in der Entwicklung junger Katzen, ihre Kastration, wie Sie das physiologische Alter Ihrer Katze berechnen können und wann für Sie die Zeit gekommen ist, von Ihrer treuen Gefährtin Abschied zu nehmen.

WARTUNG UND INSTANDHALTUNG (Seite 155–171) zeigt Ihnen, wie Sie die Mechanik Ihrer Katze auf Probleme überprüfen und einen autorisierten Service-Provider zur technischen Unterstützung finden.

NOTFALLVERSORGUNG (Seite 173–194) behandelt Krankheiten, die bei Katzen auftreten können, und umreißt mögliche Behandlungsalternativen.

Der **APPENDIX** (Seite 195–208) beantwortet häufig gestellte Fragen zu verbreiteten Hardware- und Softwareproblemen. Zudem enthält er Informationen, wo Sie weitere technische Unterstützung finden, sowie ein Glossar mit wichtigen Begriffen.

Bei korrekter Bedienung wird Ihnen Ihre Katze dauerhaft ein unterhaltsamer Gesellschafter sein. Trotzdem sollten Sie sich darüber im Klaren sein, dass Sie Energie, Engagement und Geduld brauchen werden, um ein komplexes System wie dieses zu begreifen. Doch während Sie mit Softwarefehlern, Programmierungsproblemen, dem unbefugten Download von Haarballen und anderem kämpfen, denken Sie stets daran, dass das Endergebnis – eine liebende Katze – die Mühe lohnt.

Die Katze: Schaubild und Verzeichnis der Einzelteile

Alle Katzen besitzen die gleiche Zahl an vorinstallierten Standardkomponenten. Sollten Ihrem Modell eines oder mehrere der hier beschriebenen Teile oder Systeme fehlen, kontaktieren Sie umgehend einen autorisierten Service-Provider.

Der Kopf

Augen: Jedes Modell besitzt zwei. Anders als bei den meisten Säugetieren können sich die Pupillen von Katzen zu einem senkrechten Schlitz zusammenziehen. Das optische System wird durch ein »drittes Augenlid«, die Nickhaut, geschützt, die sich vom Augeninnenwinkel über das Auge schiebt.

Ohren: Jedes Modell besitzt zwei. Die Katze kann die Ohrmuschel um 180 Grad drehen, was ihr erlaubt, ihre Umgebung nach bestimmten Geräuschen abzuscannen und diese mit großer Genauigkeit zu lokalisieren.

Nase: Der Geruchssinn der Katze übertrifft den des Menschen bei weitem, ist aber deutlich unempfindlicher als der des Hundes. Bei einem neugeborenen Kätzchen ist er bereits so fein eingestellt, dass es zwischen den verschiedenen Zitzen der Mutter differenzieren kann.

Zunge: Sie ist mit Hunderten winziger Haken besetzt und hat verschiedene Funktionen. Die Katze benutzt sie, um ihr Fell zu bürsten oder zu trocknen, das Fleisch von den Knochen ihrer Beutetiere zu schaben oder (durch Hecheln oder die Verdunstung von Speichel) die Körpertemperatur zu regulieren. Zum Trinken formt die Katze ihre Zunge zu einem Löffel, mit dem sie die Flüssigkeit in ihr Maul schöpft.

Zähne: Katzen kauen ihre Nahrung nicht, sondern hacken sie. Erwachsene Hauskatzen sind mit 30 Zähnen ausgestattet, die alle für das Zerkleinern von Fleisch konstruiert sind. Ihre großen Eckzähne oder Reißzähne benutzt die Katze, um Beutetieren das Genick zu brechen. Bei Hauskatzen haben diese Zähne den optimalen Abstand, um Mäuse in die ewigen Jagdgründe zu befördern.

Schnurrhaare: Diese dicken, harten Haare sitzen in Zwölfergruppen zu beiden Seiten des Mauls. Es handelt sich bei ihnen um hoch entwickelte Sinnesorgane. Mit ihrer Hilfe kann die Katze sich auch dann noch orientieren, wenn sie eigentlich nichts mehr sieht, zum Beispiel indem sie feststellt, ob sie durch einen schmalen Durchgang passt. (Gewöhnlich entspricht die Länge der Haare dem breitesten Punkt ihres Körpers, sofern sie nicht übergewichtig oder trächtig ist.) Bei der Jagd kann die Katze die Schnurrhaare vorschieben, um Informationen über das Beutetier zu erhalten.

⚠ *ACHTUNG: Schnurrhaare sollten nicht geschnitten werden. Sie können sonst die oben genannten Funktionen (und andere, die für das Wohlbefinden und Überleben der Katze wichtig sind) nicht mehr erfüllen. Überdies sind die Schnurrhaare extrem empfindlich. Das Schneiden ist für die Katze schmerzhaft.*

Der Körper

Fell: Meist ist das Fell aus drei Haartypen konstruiert. Das Deckhaar besteht aus »Leithaaren«, das Unterhaar aus harten »Grannenhaaren« und weicheren Wollhaaren. Rassekatzen fehlt möglicherweise der eine oder andere Haartyp. Die Perserkatze besitzt z. B. nur sehr wenige Grannenhaare, die fast nackte Sphynxkatze nur eine geringe Anzahl »Wollhaare«.

Output-Port: Produkte aus dem Abfallbeseitigungssystem der Katze enthalten extrem viel Stickstoff. Daher können sie Pflanzen ebenso »verbrennen« wie übermäßige Düngergaben.

Geschlechtsorgane: Weibchen sind mit 7 – 12 Monaten geschlechtsreif, Männchen mit 10 – 14 Monaten. Der Penis des Katers ist vorn mit Stacheln besetzt. Sie stimulieren während der Paarung beim Weibchen den Eisprung.

Pfoten: Katzen laufen auf den Zehenspitzen. Dieses Designelement macht Spitzengeschwindigkeiten von 50 km/h möglich. Häufig haben sie eine »dominante« Vorderpfote, die der dominanten Hand eines Menschen vergleichbar ist. Etwa 40 % der Katzen sind Linkspfoter, 20 % Rechtspfoter, der Rest ist beidpfotig.

Krallen: Jede Pfote ist mit einen Set Krallen ausgerüstet. Die Krallen sind optimal auf Klettern, Kämpfen und das Festhalten von Beute eingestellt. Bei Gebrauch können sie ausgefahren werden. Diese Option ist im Tierreich einmalig.

Schwanz: Dieses Bauteil besteht aus 14 – 28 Wirbeln. Es dient als Stimmungsbarometer und Gleichgewichtsruder.

Zitzen: Sowohl Männchen als auch Weibchen sind mit einem Set dieser Andockstationen ausgerüstet. Bei Männchen sind sie nicht funktionsfähig.

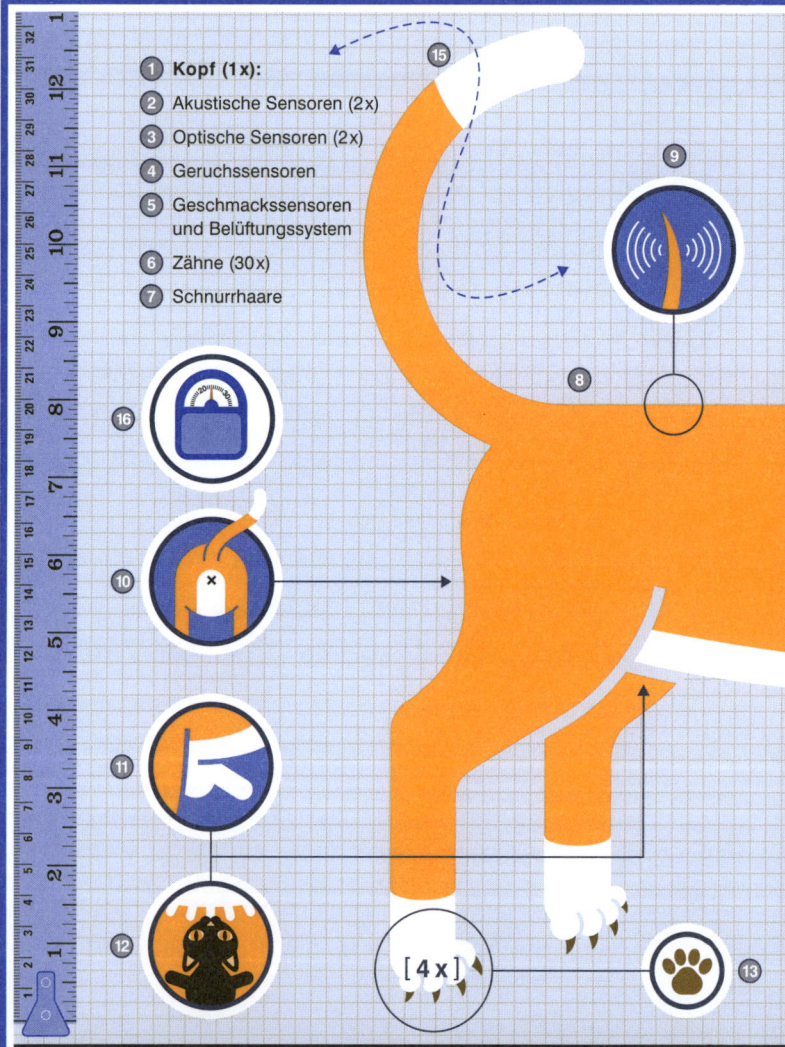

1. **Kopf (1x):**
2. Akustische Sensoren (2x)
3. Optische Sensoren (2x)
4. Geruchssensoren
5. Geschmackssensoren und Belüftungssystem
6. Zähne (30x)
7. Schnurrhaare

[4x]

LISTE DER STANDARDKOMPONENTEN: Überprüfen Sie sorgfältig

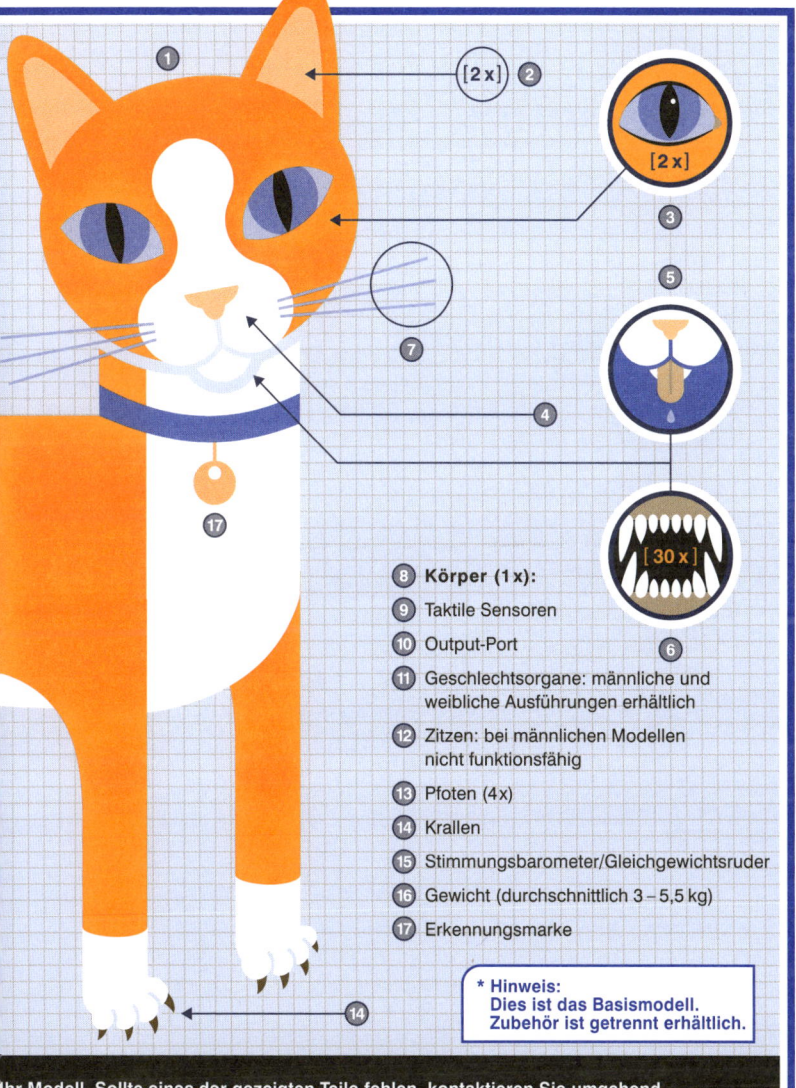

1

[2 x] 2

3

5

[2 x]

7

4

[30 x]

6

17

8 Körper (1x):

9 Taktile Sensoren

10 Output-Port

11 Geschlechtsorgane: männliche und
weibliche Ausführungen erhältlich

12 Zitzen: bei männlichen Modellen
nicht funktionsfähig

13 Pfoten (4x)

14 Krallen

15 Stimmungsbarometer/Gleichgewichtsruder

16 Gewicht (durchschnittlich 3 – 5,5 kg)

17 Erkennungsmarke

14

*** Hinweis:
Dies ist das Basismodell.
Zubehör ist getrennt erhältlich.**

Ihr Modell. Sollte eines der gezeigten Teile fehlen, kontaktieren Sie umgehend
Ihren Service-Provider.

Gewicht: Eine erwachsene Hauskatze wiegt gewöhnlich zwischen 3 und 5,5 kg. (Siehe »Wiegen der Katze«, Seite 120.)

Höhe: Anders als Haushunde haben Katzen eine recht einheitliche Größe. Bei einer durchschnittlichen Hauskatze beträgt die Schulterhöhe etwa 30 cm.

Sensorspezifikation

Alle Katzen besitzen ein umfangreiches Programmpaket für den Betrieb von Sensoren. Es erlaubt ihnen, die Umwelt anders (und oft genauer) wahrzunehmen als Menschen.

Optische Sensoren: Das visuelle System der Katze ist schlechten Lichtverhältnissen optimal angepasst. Zu den entscheidenden Hardware-Komponenten gehört eine reflektierende Schicht auf dem Augenhintergrund, die das durch die Regenbogenhaut einfallende Licht verstärkt. Dies ist auch der Grund, weshalb Katzenaugen im Dunkeln »leuchten«. Die Katze hat ein größeres Gesichtsfeld als der Mensch (285 Grad statt 210 Grad). Aber sie erkennt nur 10 % der Details, die wir sehen. Dennoch kann sie sich bewegende Objekte ungemein gut orten und attackieren. Früher glaubte man, dass Katzen farbenblind seien. Dies trifft nicht zu.

⚠️ *EXPERTENTIPP: In völliger Dunkelheit können auch Katzen nichts sehen.*

Geruchssensoren: In der Nase der Katze befinden sich etwa 19 Millionen geruchsempfindliche Nervenendigungen. Sie reagieren vor allem auf Stickstoffverbindungen. Da diese Verbindungen fast immer in sich zersetzender Nahrung vorkommen, hilft diese Eigenschaft der Katze festzustellen, ob eine potentielle Mahlzeit schmackhaft ist.

Akustische Sensoren: Die Katze hört in einem sehr hohen Frequenzbereich. Sie nimmt Töne wahr, die etwa zwei Oktaven über denen liegen, die für Menschen hörbar sind. Zur Ortung einer Geräuschquelle vergleicht sie winzige Unterschiede in Tonhöhe und Zeitpunkt, mit denen Laute ihr rechtes bzw. linkes Ohren erreichen. Ein Organ im Innenohr der Katze, der so genannte Vestibularapparat, erlaubt es ihr, ihre Position im Raum zu bestimmen. Dadurch landet sie bei einem Sturz gewöhnlich auf den Füßen.

Taktile Sensoren: Jedes Haar im Fell der Katze ist mit einem »Mechanorezeptor« verbunden. Er sendet Umweltinformationen an das Gehirn. Ungeachtet ihres Rufs als »Einzelgänger«, der anderes vermuten ließe, gefällt es den meisten Katzen berührt zu werden. Streicheln kann beispielsweise bewirken, dass der Puls der Katze sinkt und ihre Muskeln sich entspannen. Die gleichen Reaktionen können bei dem Menschen auftreten, der die Katze streichelt (siehe Vorteile der Katzenhaltung, Seite 27).

Geschmackssensoren: Der Mensch besitzt etwa 9000 Geschmacksknospen, die Katze nicht einmal 500. Wie der Mensch nimmt auch die Katze vier Geschmacksrichtungen wahr – süß, salzig, sauer und bitter. Süßes reizt sie am wenigsten. Da sie Probleme bei der Geschmacksunterscheidung hat, wählt sie ihre Nahrung hauptsächlich aufgrund des Geruchs. Deshalb können ihr Dinge, die (für Menschen) besonders aufdringlich riechen, sehr verlockend erscheinen.

Navigationssensoren: Viele Wissenschaftler meinen, dass Katzen magnetische Felder wahrnehmen und sich deshalb ohne optische Orientierungshilfen über große Entfernungen hinweg zurechtfinden. Dies erklärt möglicherweise die zahlreichen wahren Geschichten über Katzen, die Hunderte von Kilometern durch unbekanntes Territorium wanderten, um wieder nach Hause zu gelangen.

Zusatzsensoren: Im Gaumen der Katze sitzt das so genannte Jacobson'-sche Organ. Es registriert vor allem Sexuallockstoffe anderer Katzen. Manche Katzen ziehen bei leicht geöffnetem Maul die Oberlippe hoch und die Mundwinkel zurück, um mit diesem Sensor Gerüche wahrnehmen zu können.

Speicherkapazität

Die Bewertung der Intelligenz von Tieren ist allgemein schwierig. Wissenschaftliche Untersuchungen und zufällige Beobachtungen lassen jedoch vermuten, dass die Katze zu den intelligentesten Haustieren gehört. Konkurrenzlos ist ihre Aufmerksamkeit, was jeder weiß, der schon einmal gesehen hat, wie eine Katze jede Ritze und jeden Winkel eines unbekannten Raums untersucht. Katzen lernen durch Beobachten. So finden sie heraus, wie man Türen und Schränke öffnet oder das Licht anschaltet. Junge Katzen laden zahlreiche Software-Programme nur über die Beobachtung ihrer Mutter herunter.

Einige Experten glauben, dass die Intelligenz einer Katze der eines zwei- bis dreijährigen Kindes entspricht. Dies bedeutet aber nicht, dass Katzen sich leicht erziehen lassen. Im Gegensatz zu Hunden sind sie keine Rudeltiere mit einer angeborenen Programmierung, Überlegene zufrieden stellen zu wollen. Katzen sind Einzelgänger, die nur sehr vage Vorstellungen von Hierarchie haben und wenig Verlangen verspüren, es irgendjemandem recht zu machen. Wenn sie komplexe Verhaltensweisen erlernen, dann nur nach ihren eigenen Regeln. Oft sind sie nur durch Futter und, bis zu einem gewissen Grad, durch Lob zu motivieren.

Lebensdauer des Produkts

Katzen sind im Allgemeinen recht langlebig. Ihre Betriebszeit hängt jedoch letztlich von der Wartung durch ihren User und von ihrer genetischen Programmierung ab. Es sind Fälle dokumentiert, in denen Katzen sogar über 30 Jahre alt wurden. Wohnungskatzen (Abb. A) leben durchschnittlich 12–18 Jahre, viele werden sogar über 20. Bei freilaufenden Katzen (Abb. B) ist die Gefahr eines Unfalls und/oder einer Erkrankung größer. Sie werden durchschnittlich etwa zehn Jahre alt.

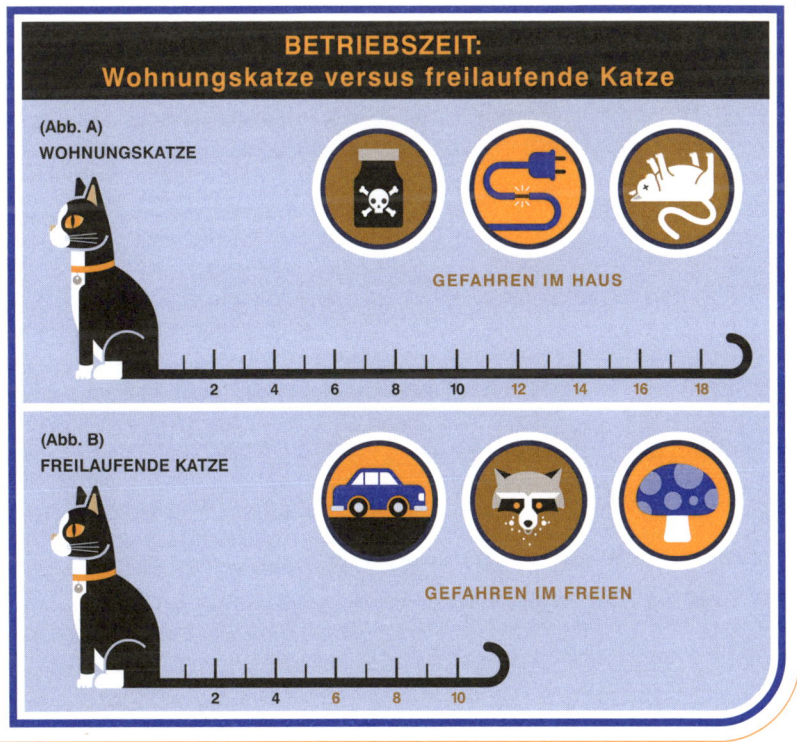

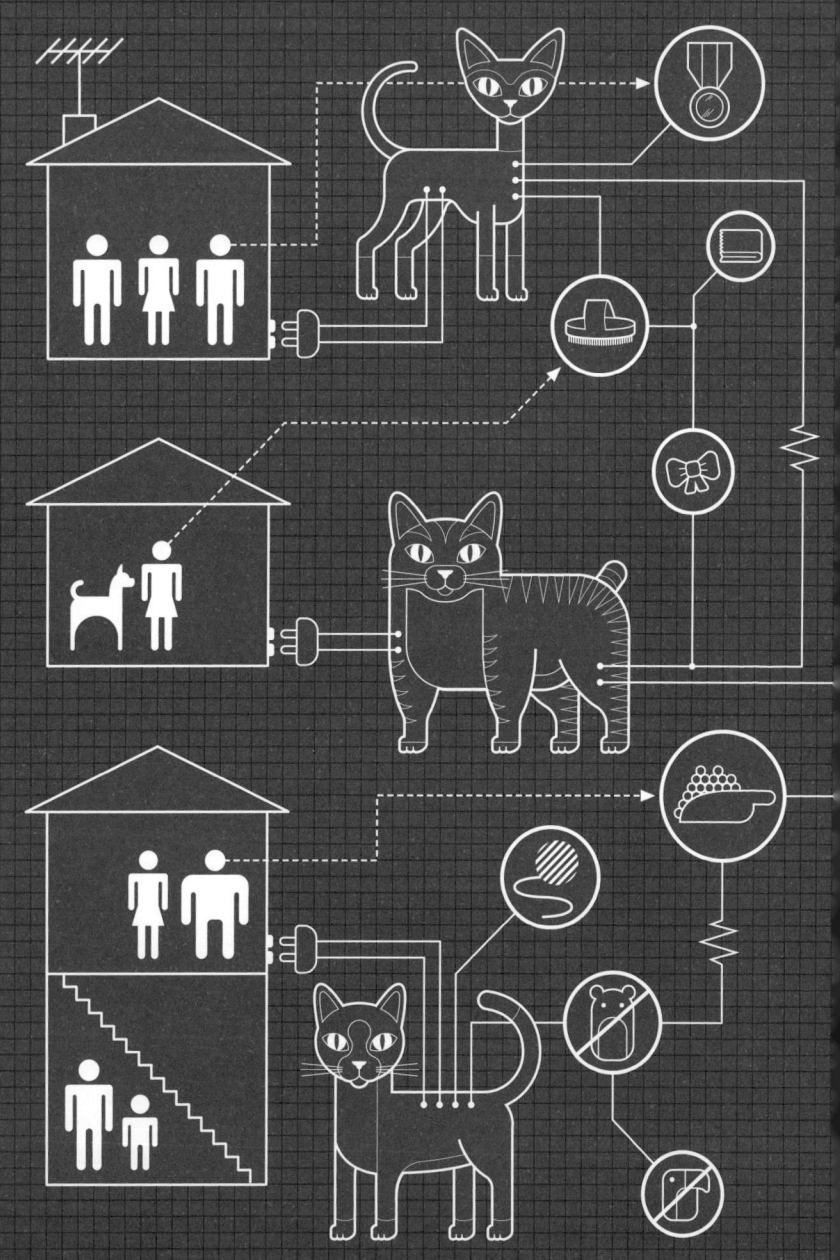

Kapitel 1

Übersicht über Marken und Modelle

Kleine Produktgeschichte

Die moderne Hauskatze ist ein erstklassiges Beispiel für erfolgreiches Nischen-Marketing. Als Nachfahrin der Nubischen Falbkatze (Abb. A) zog sie das Interesse der Menschen etwa um die gleiche Zeit auf sich, in der diese sich vor Tausenden Jahren an den Ufern des Nil zu den ersten Ackerbau treibenden Gemeinschaften zusammenfanden. Die Nubische Falbkatze *(Felis silvestris lybica)* stellte damals schon Mäusen und Ratten nach. Da die Bauern diese von ihren Getreidevorräten fernhalten wollten, ermunterten sie die Katze, auf Feldern und in Vorratslagern zu jagen. Bald entstand eine funktionierende Beziehung (Abb. B), und die Katze erhielt einen Ehrenplatz in menschlichen Siedlungen überall in Afrika, Europa und Asien und schließlich auf dem gesamten Planeten.

Heute gibt es weltweit etwa 500 Millionen Hauskatzen *(Felis catus)*. Doch obwohl die Katze nunmehr schon etwa 8000 Jahre in Gemeinschaft mit dem Menschen lebt, ist ihr Design fast unverändert geblieben. Im Gegensatz zum Hund, der vom Wolf abstammt, in den meisten Fällen aber keinerlei Ähnlichkeit mehr mit ihm hat, sind Kopf- und Körperform der typischen Hauskatze mit denen ihrer wilden Vorfahren noch weitgehend identisch. Dies liegt daran, dass Hunde intensiv gezüchtet wurden, um aus ihnen bessere Wächter, Hirten und/oder Begleiter zu machen. Katzen hingegen waren bereits optimal für die Schädlingsbekämpfung konfiguriert und wurden daher sich selbst überlassen.

Die Software der Hauskatze (Abb. C) ist ebenfalls unverändert geblieben. Tatsächlich findet man beinahe alle Standardverhaltensweisen der Hauskatze auch bei größeren, weniger benutzerfreundlichen Modellen wie dem Leoparden oder dem Puma. Die wichtigste Konzession der Hauskatze an die moderne Welt ist ein Unterprogramm, welches ihr das enge Zusammenleben mit Menschen erlaubt. Neubesitzer einer Katze sollten aber ihre Herkunft nicht vergessen, wenn sie mit Verhaltensweisen konfrontiert werden, die auf den ersten Blick unvorteilhaft erscheinen. User können jedoch sicher sein, dass es für alles, was eine Katze tut, einen Grund gibt, selbst wenn vielleicht nur sie allein ihn kennt.

PRODUKTGESCHICHTE

(Abb. A)
NUBISCHE FALBKATZE

(Abb. B)
LANDWIRTSCHAFTLICHER
HELFER

(Abb. C)
HAUSGENOSSE

Hardwarevarianten

Während der Jahrtausende, in denen die Katze vom Menschen genutzt wurde, ist ihr Design weitgehend unverändert geblieben. Erst in den letzten 100 Jahren wurde es durch selektive Züchtung wesentlich modifiziert. Heute gibt es drei Bautypen: muskulös (Abb. A – Standarddesign der typischen kurzhaarigen Hauskatze), gedrungen (Abb. B – stämmige Beine und breiter Körper, wie z.B. bei Persern) und schlank (Abb. C – Körper und Gliedmaßen extrem schlank, keilförmiger Kopf).

Für Ausstellungen gezüchtete Katzen unterscheiden sich im Aussehen oft deutlich von Hauskatzen. So besitzen etwa Siamesen mit »Wettbewerbsqualitäten« extrem eckige Gesichter und dünne, geschmeidige Körper. Für den privaten Nutzer gezüchtete Siamesen ähneln dagegen häufig dem solideren »Standardtyp« und haben ein runderes Gesicht.

Jedes Jahr kommen neue Modellvarianten auf den Markt. Einige weichen deutlich von den Design-Parametern des Grundtyps ab. Zu den

DESIGNVARIANTEN

(Abb. A)
MUSKULÖS

(Abb. B)
GEDRUNGEN

(Abb. C)
SCHLANK

Innovationen jüngerer Zeit gehören Devon Rex und Cornish Rex, die beide gewelltes Fell haben, die beinahe haarlose Sphynx und die Scottish Fold mit Hängeohren. Die große Mehrzahl der Katzen dieser Welt besitzt aber noch das klassische Design.

Vorteile der Katzenhaltung

Die Anschaffung einer Katze hat sowohl für das physische als auch psychische Wohlbefinden des Users große Vorteile. Eine Katze bietet Gesellschaft, Liebe und die Gelegenheit, eine enge Beziehung mit einer vollkommenen anderen Spezies einzugehen. Wissenschaftliche Studien haben zudem gezeigt, dass durch die Beschäftigung mit einer Katze Puls und Blutdruck des Users sinken können. Auch ihr Schnurren hat oft beruhigende Wirkung. Eine gutartige Katze kann Depressionen und Einsamkeit lindern – einer der Gründe, weshalb Katzen heute in Pflegeheimen und Krankenhäusern häufig als »Therapietiere« eingesetzt werden. Außerdem ist belegt, dass die Allergiebereitschaft bei Kindern durch Katzenkontakt im Säuglings- und Kleinkinderalter deutlich reduziert wird. Summa summarum sind die relativ geringen Kosten für die Haltung einer Katze also gewöhnlich eine kluge Investition.

Spitzenmodelle

Die meisten Katzen auf der Welt sind das Produkt zufälliger genetischer Kombinationen und so genannte »Mischlinge«. Es gibt jedoch auch Dutzende selektiv gezüchteter Modelle, bei denen ein spezielles Programmpaket für optische Eigenschaften exakt kopiert wurde. Diese Modelle werden als »reinrassig« bezeichnet. Ungefähr 40 von ihnen sind von der Cat Fanciers' Association (CFA), die das größte Katzen-Zuchtbuch der Welt führt, als eigene Rasse anerkannt. Nachfolgend finden Sie Beschreibungen einiger der beliebtesten und ungewöhnlichsten Modelle. Weitere Informationen erhalten Sie bei einem Tierarzt oder Zuchtverein.

Abessinier: Dieses Modell wurde wahrscheinlich im 19. Jahrhundert von Abessinien (heute Äthiopien) nach England gebracht. Es hat große Ähnlichkeit mit Varianten, die auf altägyptischen Fresken dargestellt sind. *Optik:* sehr schlanker Körper, der meist zimtfarben ist. Es sind aber auch rote, blaue und falbfarbene Ausführungen erhältlich. Große, ausdrucksvolle Augen, die von einer schwarz pigmentierten Linie umgeben sind. *Beste Eigenschaften:* sehr temperamentvoll und gesellig. Stets zu Spielen und Mätzchen aufgelegt. *Nachteile:* stets zu Spielen und Mätzchen aufgelegt – auch mitten in der Nacht. *Programmeigenheiten:* Kann ihrem Besitzer beinahe wie ein Hund ergeben sein. *Idealer User:* jeder, der mit ihrer Ausgelassenheit zurechtkommt und ihr die Aufmerksamkeit schenkt, die sie braucht.

Ägyptische Mau: Soll ein Abkömmling einer Unterart der Nubischen Falbkatze sein. »Mau« bedeutet im Altägyptischen »Katze«. *Optik:* geflecktes leopardenähnliches Fell. Viele Modelle haben eine Zeichnung auf der Stirn, die an einen Skarabäus erinnert. *Beste Eigenschaften:* hochintelligent, ihrer Familie ergeben. Ihr Gang ähnelt dem eines Leoparden. *Nachteile:* Gute Exemplare sind teuer und ziemlich selten. *Programmeigenheiten:* außergewöhnlicher, ständig besorgt wirkender Gesichtsausdruck. *Idealer User:* Eine Mau ist praktisch für jeden geeignet.

Balinese: Langhaarige Siamkatze, die in den 1950er Jahren durch spontane Mutation entstand. *Optik:* Farbmusterung entspricht der des klassischen Siamesen. *Beste Eigenschaften:* sehr intelligent und verspielt. Das Fell ist nicht so lang wie bei anderen Langhaarrassen und daher leichter zu warten. *Nachteile:* ist ebenso gesprächig und laut wie Siamesen. *Programmeigenheiten:* ähnelt auch im Wesen dem Siamesen – ist extrem gesellig und leicht erziehbar. *Idealer User:* jeder, der mitteilsame, temperamentvolle Katzen mag.

Birmakatze: Soll im 19. Jahrhundert aus Katzen, die aus Burma (dem heutigen Myanmar) importiert wurden, entwickelt worden sein. *Optik:* blaue Augen, langes, seidiges Fell, weiße Pfoten. *Beste Eigenschaften:* Das Fell verfilzt nicht so leicht wie bei anderen Langhaarmodellen. Das Miauen der

Birmakatze ist besonders beruhigend und wohlklingend. *Nachteile:* Da ihre Zucht schwierig ist, sind gute Birmesen teuer und die Wartelisten für sie lang. *Programmeigenheiten:* gelassen, gesellig und benutzerfreundlich. *Ideale User:* Familien mit Kindern.

Burmakatze: Alle heutigen Burmesen stammen wohl von einem einzigen Tier ab, das zu Beginn des 20. Jahrhunderts von Burma (wo es die Rasse seit Jahrhunderten geben soll) nach Amerika gebracht wurde. *Optik:* kräftiger, muskulöser Körper mit kurzem Fell. In Braun, Silbergrau, Creme, Taubengrau mit einem rosa Hauch, Rot und Blau erhältlich. *Beste Eigenschaften:* sehr verspielt, seinem Besitzer ergeben. Das kurze Fell erfordert nur minimale Wartung. *Nachteile:* redet viel und laut – wenn auch nicht so viel und so laut wie der Siamese. *Programmeigenheiten:* Burmesen sind extrem intelligent. *Idealer User:* Eine Familie oder Einzelperson, die der Katze die Aufmerksamkeit geben kann, die sie braucht.

Himalayan (Colourpoint): Kreuzung zwischen Siamese und Perser, durch die ein langhaariges Modell mit den typischen Abzeichen (»Points«) des Siamesen entstanden ist. *Optik:* blaue Augen (bei allen Modellen), gedrungener Körper, breite Nase und langes, seidiges Fell. *Beste Eigenschaften:* Ist ihrem Besitzer treu ergeben. *Nachteile:* Das lange Fell braucht regelmäßige, sorgfältige Pflege. *Programmeigenheiten:* nicht so intelligent wie der typische Siamese, aber klüger als der typische Perser. *Idealer User:* fast für jeden perfekt geeignet.

Europäisch Kurzhaar: Wurde erst 1982 als Rasse anerkannt und ist aus robusten Bauernhofkatzen entstanden. *Optik:* kurzes, dichtes Fell, das alle Farben und Farbkombinationen aufweisen kann. Körper stark und muskulös. Charakter unterschiedlich. *Beste Eigenschaften:* angenehme, umgängliche Hausgenossin mit einer recht leisen Stimme. Mit anderen Haustieren und Kindern kompatibel. Praktisch frei von den genetischen Defekten, die Rassekatzen mitunter haben. *Nachteile:* nicht die anhänglichste Katze. *Programmeigenheiten:* Gute Mäusefängerin. *Idealer User:* für beinahe jeden bestens geeignet.

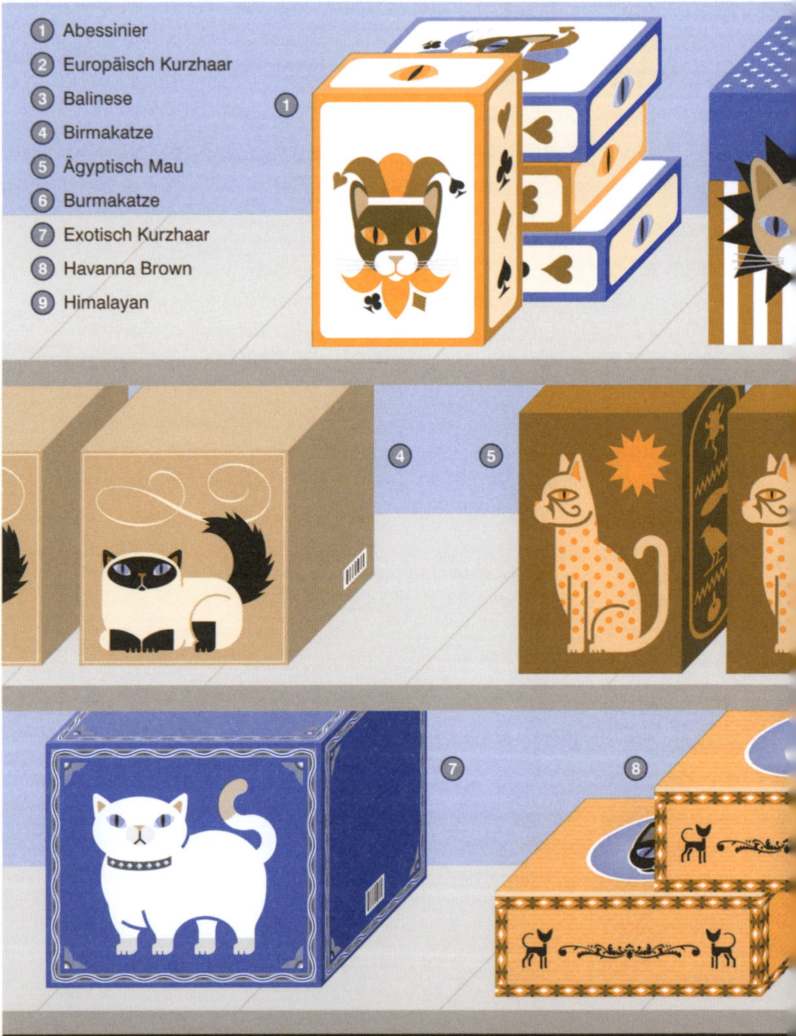

1. Abessinier
2. Europäisch Kurzhaar
3. Balinese
4. Birmakatze
5. Ägyptisch Mau
6. Burmakatze
7. Exotisch Kurzhaar
8. Havanna Brown
9. Himalayan

SPITZENMODELLE: Das Angebot an Katzenrassen ist groß. Zu den beliebtes

ten gehören die oben (und auf Seite 34/35) gezeigten Modelle.

Exotisch Kurzhaar: Aus einer Kreuzung von Perser und Amerikanisch Kurzhaar entstanden und im Wesentlichen ein kurzhaariger Perser. *Optik:* Dieses Modell, das mitunter »Perser im Pyjama« genannt wird, hat mittellanges Fell in einer Vielzahl von Farbschattierungen. Aber es besitzt noch den gedrungenen Körper seiner genetischen Vorfahren. *Beste Eigenschaften:* alle Vorteile einer Perserkatze, ohne deren Instandhaltungsprobleme. Außerdem etwas aktiver. *Nachteile:* Das Fell ist nicht vollkommen wartungsfrei. Da es leicht verfilzt, muss es mehrmals in der Woche sorgfältig gebürstet werden. *Programmeigenheiten:* Die Exotisch Kurzhaar ist intelligenter als die typische Perserkatze. Gut mit Kindern und/oder anderen Haustieren kompatibel. *Idealer User:* für beinahe jeden geeignet.

Havanna Brown: In den 1950er Jahren in England entstanden und nach einer Zigarre benannt. *Optik:* kurzes, schokoladenbraunes Fell. Ihr schlanker Körperbau entspricht dem des Siamesen. (Die Havanna Brown besitzt viel siamesisches Erbgut.) *Beste Eigenschaften:* sehr intelligent und anhänglich. *Nachteile:* kann laut und recht nervös sein. *Programmeigenheiten:* Die Körpermerkmale europäischer und amerikanischer »Browns« sind sehr unterschiedlich. *Idealer User:* jeder, der sich eine hübsche, temperamentvolle Katze wünscht.

Maine Coon: In Amerika entstanden. Ihren Namen verdankt sie ihrem buschigen Schwanz, der an den eines Waschbären erinnert. *Optik:* dickes, wasserabweisendes Fell, muskulöser Körper. Mit einem Gewicht zwischen 4,5 und 8 kg eine der größten Hauskatzen. *Beste Eigenschaften:* freundlich und gutmütig. Temperamentvoll, aber nicht unberechenbar. *Nachteile:* obwohl das Fell nicht so problematisch wie das von Persern ist, muss es mehrmals in der Woche gebürstet werden. *Programmeigenheiten:* miaut nicht, sondern klingt eher wie ein rostiges Türscharnier. *Ideale User:* Perfekte Besitzer für diese Rasse sind Familien.

Manx: soll aus einer Linie schwanzloser, auf der Isle of Man heimischer Katzen entstanden sein. *Optik:* hat keinen Schwanz. In einer breiten Palette von Farben und Zeichnungen erhältlich. Da ihre Hinterbeine länger sind als die Vorderbeine, hat die Manx einen hoppelnden Gang ähnlich dem eines Kaninchens. *Beste Eigenschaften:* ausgeglichen und anhänglich. *Nachteile:* Anfällig für genetische Erkrankungen. *Programmeigenheiten:* überdurchschnittlich intelligent. *Idealer User:* Gesunde Modelle aus guter Zucht sind praktisch für jeden geeignet.

Ocicat: geflecktes Modell mit wildem Aussehen, das durch eine Kreuzung von Abessinier, Siamese und Amerikanisch Kurzhaar entstanden ist. *Optik:* Auffällig geflecktes Modell, Beine gestreift. *Beste Eigenschaften:* aufgeweckt und umgänglich. Das kurze Fell ist praktisch wartungsfrei. Kaum genetische Schwächen. *Nachteile:* selten und teuer. *Programmeigenheiten:* leicht erziehbar. Geht an der Leine. *Idealer User:* jeder, der sich ein exotisch aussehendes Haustier mit sanftem Wesen wünscht.

Orientale: Siamesen-Hybride mit der interessanten Persönlichkeit seiner Vorfahren, aber in neuem Design. *Optik:* Anders als die Siamkatze ist die Oriental nicht auf eine Point-Färbung beschränkt. Man bekommt sie als Kurzhaar- und Langhaarversion und in buchstäblich Hunderten Farben und Musterungen. *Beste Eigenschaften:* lebhaft und gesellig; ihrem Besitzer beinahe wie ein Hund ergeben. *Nachteile:* ebenso stimmbegabt wie der Siamese und ebenso anspruchsvoll. *Programmeigemheiten:* Extrem intelligent. *Idealer User:* Einzelperson. Orientals sind häufig auf einen Menschen fixiert.

Perser: beliebteste Katzenrasse. Soll ein Abkömmling von aus Persien (Iran) importierten Katzen sein. Ihr Design wurde im 19. Jahrhundert in England perfektioniert. *Optik:* kurze Nase mit breiter Schnauze, gedrungener Körper und langes, seidiges Fell, das in vielen Farben und Musterungen erhältlich ist. *Beste Eigenschaften:* ungemein schöne Katze mit ruhigem, ausgeglichenem Wesen. Ideale Schoßkatze. *Nachteile:* tägliche Wartung des Fells erforderlich. Zudem ist dieses Modell nicht unbedingt für seine Intelligenz bekannt. *Programmeigenheiten:* sehr schweigsam. *Idealer User:* jeder, der sich der aufwendigen Wartung gewachsen sieht.

SPITZENMODELLE: Das Angebot an Katzenrassen ist groß. Zu den beliebte:

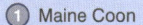

1. Maine Coon
2. Ocicat
3. Manx
4. Orientale
5. Perser
6. Rexkatze
7. Scottish Fold
8. Siamkatze
9. Sphinxkatze

en gehören die oben (und auf Seite 30/31) gezeigten Modelle.

Rexkatze: in drei Ausführungen als Cornish Rex, Devon Rex und Selkirk Rex erhältlich. *Optik:* Cornish Rex und Devon Rex haben beide als Folge verschiedener Genmutationen lockiges oder gewelltes Fell. Erstere stammt aus Cornwall, Letztere aus Devon. Auch der dritte Typ, die Selkirk Rex, ist in jüngerer Zeit entstanden. Es sind sowohl Kurzhaar- als auch Langhaarmodelle im Angebot. *Beste Eigenschaften:* alle Varianten sind anhänglich und zu Späßen aufgelegt. *Nachteile:* anfällig für genetische Erkrankungen. *Programmeigenheiten:* Eine glückliche Devon Rex kann wie ein Hund mit dem Schwanz wedeln. *Idealer User:* Sowohl Familien als auch Einzelpersonen werden diese ungewöhnlich aussehende Katze mögen.

Scottish Fold: Alle Exemplare dieses Modells gehen auf »Susie« zurück, eine Katze mit Hängeohren, die der Schäfer William Ross 1961 auf einem Bauernhof in Schottland entdeckte. *Optik:* Durch eine genetische Mutation stehen die Ohren von Scottish Folds nicht wie bei anderen Katzen aufrecht, sondern sind nach vorn umgeklappt. Als Langhaar- und Kurzhaarversion erhältlich. *Beste Eigenschaften:* sanftes Wesen. *Nachteile:* Schlecht gezüchtete Scottish Folds können schwere Skelettmissbildungen aufweisen. Scottish Folds leiden außerdem wegen der schlechten Belüftung der Ohren häufig unter Ohrenentzündungen. *Programmeigenheiten:* passt sich problemlos Veränderungen in ihrer Umgebung an. *Idealer User:* jeder, der bereit ist, das Modell sorgfältig auszusuchen und bei einem kompetenten Züchter zu kaufen.

Siamkatze: soll von den Königen Siams zur Bewachung ihres Palasts gehalten worden sein. Angeblich die bekannteste Katzenrasse. *Optik:* typische blaue Augen, schlanker Körper, schmaler Kopf, einzigartige Färbung. Der Körper ist stets hell, die Abzeichen oder »Points« (Kopf, Pfoten, Ohren und Schwanz) sind dunkler, z.B. blau, schokoladenbraun oder lila. *Beste Eigenschaften:* hat extrem kurzes Fell, das nur minimal gewartet werden muss. Hochintelligent. *Nachteile:* Siamesen teilen sich durch lautes, nachdrückliches Geschrei mit, und da sie sehr kommunikativ sind, tun sie dies ziemlich häufig. Zudem brauchen die meisten viel Kontakt mit Menschen. *Programmeigenheiten:* sind offenbar besonders leicht erziehbar und lernen rasch Tricks. *Idealer User:* jeder, der dieser Katze die Aufmerksamkeit geben kann, die sie braucht, und sich nicht an ihrem lauten Geschrei stört.

Sphinxkatze: auch Nacktkatze genannt. Die gesamte Linie geht auf eine einzige mutierte Katze zurück, die 1966 in Kanada geboren wurde. *Optik:* Abgesehen von etwas Flaum im Gesicht und an den Gliedmaßen ist die Sphinx völlig unbehaart. Ihre Haut fühlt sich glatt und warm an. *Beste Eigenschaften:* einzigartiger Eisbrecher zu Beginn einer Konversation. *Nachteile:* sehr empfindlich, z.B. gegen Kälte, Sonne oder Allergene. *Programmeigenheiten:* ruhig und freundlich. Lässt sich nicht gern anfassen. *Ideale User:* erfahrene Katzenhalter, die dieser seltenen Rasse die besondere Pflege geben können, die sie braucht.

Nicht standardisierte No-Name-Produkte

Bei der großen Mehrzahl der über sieben Millionen Katzen in Deutschland handelt es sich um Mischlinge. Sie sind vorwiegend über inoffizielle Verteilerkanäle wie Privathalter oder Tierheime erhältlich und ausgezeichnet als Haustiere geeignet. Dennoch gibt es auch hier einige wichtige Punkte zu beachten. Da bei Katzen das Verhalten weitgehend erlernt ist, sollte man möglichst viel über die Vorgeschichte einer Katze herausfinden, ehe man sie zu sich nimmt. So wächst z.B. ein Kätzchen, das nicht an Menschen gewöhnt wurde oder, schlimmer noch, schlechte Erfahrungen mit ihnen gemacht hat, fast immer zu einer scheuen, argwöhnischen Katze heran. Können Sie über ein Tier nichts in Erfahrung bringen, besteht nur die Möglichkeit, es eingehend zu beobachten.

Sofern keine Inzucht vorliegt, treten bei Mischlingen weit seltener genetische Defekte auf als bei Rassekatzen. Aber Sie sollten wissen, dass solche Defekte auch bei reinrassigen Katzen nicht sehr häufig vorkommen.

Auswahl eines geeigneten Modells

Nicht alle Katzen sind gleich. Temperament, physische Bedürfnisse und psychische Konstitution sind von Rasse zu Rasse und von Tier zu Tier oft sehr unterschiedlich. Um herauszufinden, welches Modell für Sie geeignet ist, sollten Sie folgende Faktoren berücksichtigen:

MARKENMODELL VERSUS NO-NAME-PRODUKT

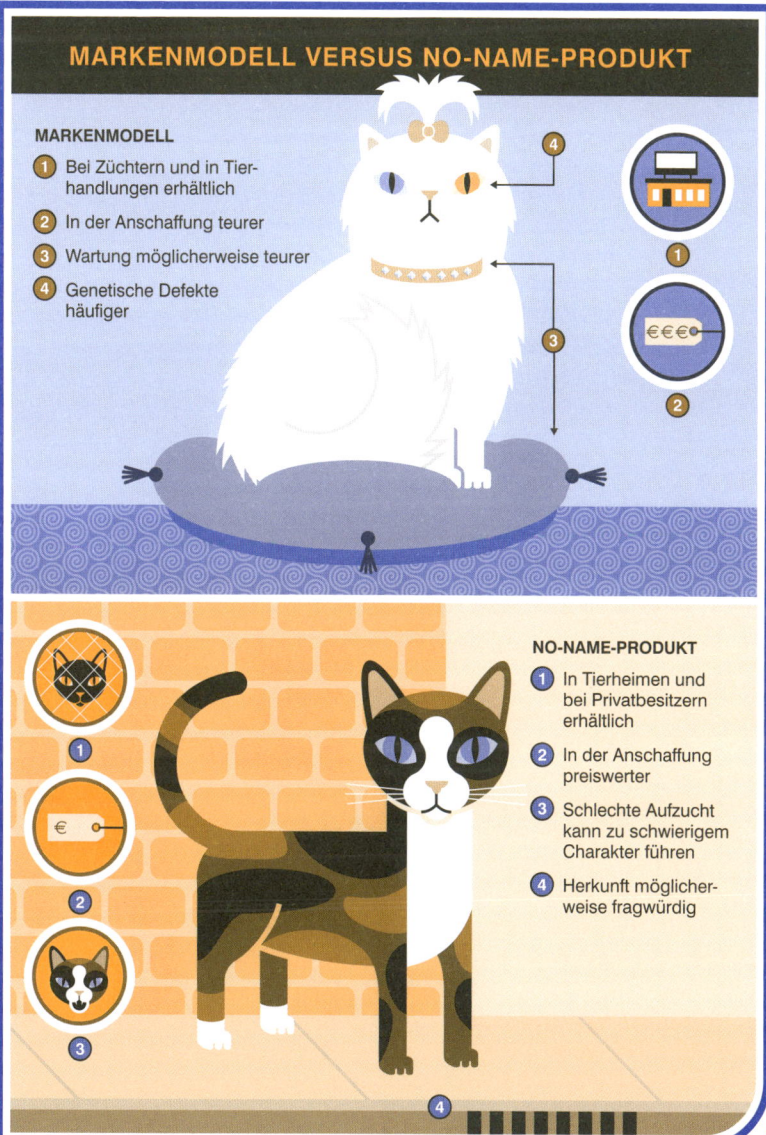

MARKENMODELL

1. Bei Züchtern und in Tierhandlungen erhältlich
2. In der Anschaffung teurer
3. Wartung möglicherweise teurer
4. Genetische Defekte häufiger

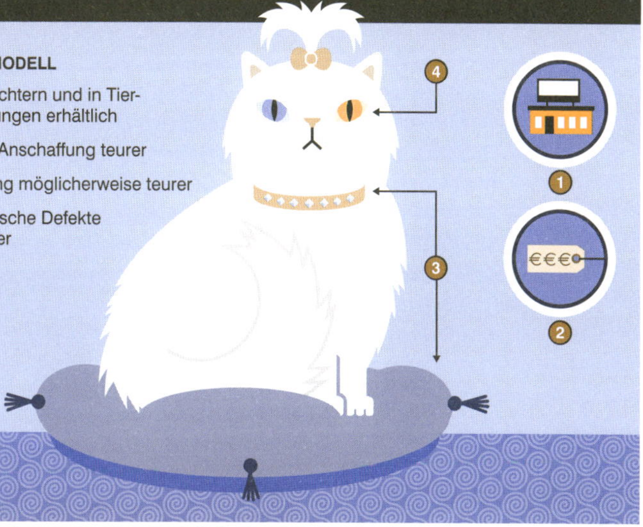

NO-NAME-PRODUKT

1. In Tierheimen und bei Privatbesitzern erhältlich
2. In der Anschaffung preiswerter
3. Schlechte Aufzucht kann zu schwierigem Charakter führen
4. Herkunft möglicherweise fragwürdig

Felltyp: Modelle wie Perser oder Colourpoints benötigen regelmäßige, recht intensive häusliche Fellpflege und möglicherweise auch professionelle Wartung. Kurzhaarmodelle sind gewöhnlich pflegeleichter. Denken Sie aber daran, dass alle Katzen (außer der beinahe nackten Sphinx) Haare verlieren. Und vergessen Sie auch nicht abzuklären, ob jemand in Ihrem Haushalt allergisch auf Haarschuppen von Katzen reagiert.

EXPERTENTIPP: *Überraschenderweise ist das Haaren bei langhaarigen Modellen weniger problematisch. Während sich kurze Katzenhaare in Geweben festsetzen und nur schwer entfernen lassen, sind lange Haare leichter zu beseitigen.*

Charakter: Viele Leute glauben, Katzen seien zurückhaltend und distanziert. Nichts ist weiter von der Wahrheit entfernt. Auch wenn einige Modelle (wie etwa der Perser) ihrem Besitzer ihre Gefühle nicht offen zeigen, können andere – wie etwa der Abessinier – ihm fast wie besessen ergeben sein. Falls Sie eine Rassekatze anschaffen möchten, berücksichtigen Sie bei der Auswahl nicht nur ihr Aussehen, sondern auch ihren Charakter. Ehe Sie sich einen Mischling zulegen, sollten Sie zunächst viel Zeit mit dem Tier verbringen, um es kennen zu lernen.

Bewegung: Es ist richtig, dass Katzen nur sehr wenig Bewegung brauchen, um körperlich fit zu bleiben. User von aktiven Rassen sollten jedoch regelmäßig mit ihren Tieren spielen, und sei es nur, damit sie in der Nacht durchschlafen. Sollten Sie keine Lust haben, ständig ein Stück Schnur durch das Wohnzimmer zu ziehen, ist für Sie ein ruhigeres Modell wie der Perser vielleicht die bessere Wahl.

Zeitaufwand: Viele Leute halten Katzen für vollkommen unabhängige Tiere, denen es nichts ausmacht, wenn ihre Besitzer für längere Zeit abwesend sind. Auf manche trifft dies zu, auf andere nicht. Alle Katzen brauchen Liebe und Aufmerksamkeit, und einige eine ganz gewaltige Portion. Rassen wie die Siamesen können körperlich und seelisch leiden, wenn sie keine Gesellschaft haben. Und selbst die zurückhaltendste Katze möchte nicht endlose Tage und Nächte allein in einem Haus verbringen. Möglicherweise gerät sie sonst aus dem seelischen Gleichgewicht und lässt ihren Frust an den Möbeln aus.

Familie/Mitbewohner: Vergewissern Sie sich, dass jedes Mitglied in Ihrem Haushalt in die Entscheidung, eine Katze anzuschaffen, einbezogen wird. Eine Katze kann 15 – 20 Jahre und noch älter werden und bedeutet eine langfristige Verpflichtung.

Finanzieller Aufwand: Die Kosten für den Unterhalt einer Katze betragen etwa 300 Euro im Jahr. In dieser Summe ist eine Behandlung im Krankheitsfall oder der Mehraufwand für eine alternde Katze noch nicht enthalten. Falls Ihnen dies viel erscheint, denken Sie über die Anschaffung preiswerterer Haustiere wie Wüstenrennmäuse oder Goldfische nach.

Besonnene Wahl: Lassen Sie sich nicht von einem süßen Katzenkind zu einer unüberlegten, spontanen Entscheidung hinreißen, die Sie später bereuen. Je mehr Sie über Ihre Entscheidung nachdenken, desto besser können Sie später mit ihr leben.

⚠ *ACHTUNG: Die Entscheidung, eine Katze ins Haus zu holen, sollte niemals leichtfertig getroffen werden. Ebenso darf eine Katze niemals ein Überraschungsgeschenk für einen Dritten sein. Solche »Überraschungen« landen jedes Jahr zu Tausenden in Tierheimen.*

Neue Modelle versus gebrauchte Modelle

Einer der wichtigsten Faktoren bei der Anschaffung einer Katze ist die Überlegung, ob Sie lieber ein Kätzchen oder lieber ein erwachsenes Modell haben möchten. Folgende Informationen können Ihnen die Entscheidung erleichtern.

Kätzchen (Jungtier)

Vorteile: Eine junge Katze passt sich leichter ihrer neuen Umgebung an.

Nachteile: Jungtiere brauchen viel Aufmerksamkeit und können einigen Schaden anrichten. Sie holen sich gewissermaßen ein Kleinkind ins Haus – ein Kleinkind, das auf Küchenschränke springen und an Vorhängen emporklettern kann.

Erwachsenes Tier

Vorteile: Erwachsene Katzen besitzen bereits eine gefestigte Persönlichkeit und haben ihre wilden Jahre hinter sich. Zudem sind bei den meisten bereits die notwendigen Programme installiert (sie wissen z.B., wie man eine Katzentoilette benutzt).

Nachteile: Möglicherweise haben sie schwerwiegende Softwarefehler wie etwa übermäßige Ängstlichkeit. Deshalb sollten Sie eine Katze vor der Anschaffung sorgfältig prüfen.

EXPERTENTIPP: Falls Sie sich für ein Jungtier entscheiden, denken Sie über die Anschaffung von zwei Tieren nach. Sie können tatsächlich weniger Arbeit machen als eines, da sie ihre Energien und Aggressionen hauptsächlich aneinander auslassen werden.

Auswahl des Geschlechts

Einige Katzenliebhaber behaupten, dass Männchen gewöhnlich gelassener und spielfreudiger sind, Weibchen hingegen meist stiller und distanzierter. Meist sind die Persönlichkeiten von Katzen jedoch einzigartig und auf dem Geschlecht beruhende Verallgemeinerungen Unsinn. Es gibt so viele zurückhaltende Kater und so viele verspielte, extrovertierte Kätzinnen, dass Sie Ihre Entscheidung nicht aufgrund angeblicher geschlechtsspezifischer Eigenschaften, sondern aufgrund des Charakters einer Katze treffen sollten.

Dies gilt jedoch nur für kastrierte Katzen. »Intakte« Männchen und Weibchen unterscheiden sich von kastrierten Tieren in vielen wichtigen Punkten und meist in unangenehmer Weise. Während der Paarungszeit tun Weibchen ihre Fruchtbarkeit oft durch lautes, anhaltendes Heulen kund. Männchen geben ihre Geschlechtsreife durch noch untragbarere Verhaltensweisen bekannt. Sie markieren ihr Revier mit übel riechendem Urin, treiben sich auf der Suche nach Weibchen in der gesamten Nachbarschaft herum und prügeln sich ständig mit anderen Männchen. Bei einigen unkastrierten Katern kann dies im Extremfall dazu führen, dass eine Haltung in der Wohnung unmöglich wird.

Glücklicherweise setzt eine Kastration diesem Verhalten meist ein Ende. Sie macht die Tiere gesünder, glücklicher und umgänglicher und ist daher für jeden verantwortungsbewussten Katzenbesitzer obligatorisch. (Siehe »Kastration«, Seite 148.)

Auswahl eines Anbieters

Katzen werden von zahlreichen Einzelpersonen und Organisationen zum Verkauf oder zur Abgabe angeboten. Häufig bekommt man schon für wenig Geld ein Jungtier oder ein gut erzogenes, gepflegtes erwachsenes Modell.

Tierheime

Vorteile: Diese Einrichtungen haben eine große Auswahl an Modellen vorrätig, die bereits für den Privatnutzer konfiguriert sind. Manchmal scannen Tierheime ihren Bestand (der sich aus Rassekatzen und Mischlingen ebenso zusammensetzt wie aus jungen und erwachsenen Tieren) auf unerwünschte Körpermerkmale und Charakterzüge. Der Preis für die Tiere ist (vor allem im Vergleich zu Zoohandlungen und Züchtern) meist gering. Einige dieser Einrichtungen setzen eine Wartefrist und verlangen persönliche Angaben und/oder den Nachweis, dass der neue Besitzer seine Katze, falls notwendig, kastrieren lässt.

Nachteile: keine. Beobachten Sie lediglich das Verhalten des Tiers sorgfältig, ehe Sie sich entscheiden. Aber denken Sie daran: Die meisten Tiere sind nicht durch Eigenverschulden ins Heim gekommen. Möglicherweise sind ihre Vorbesitzer umgezogen oder ihrer einfach überdrüssig geworden.

EXPERTENTIPP: Viele dieser Einrichtungen geben keine Tiere an Menschen ab, von denen sie wissen, dass sie schon einmal ein Haustier in ein Tierheim gegeben haben.

Zoohandlungen

Vorteile: keine.

Nachteile: In Zoohandlungen angebotene Rassekatzen haben meist eine zweifelhafte Herkunft. Zudem sind sie schlecht sozialisiert und mitunter auch nicht gesund. Dennoch wird ein hoher Preis für sie verlangt. Aus diesen Gründen raten Katzenexperten von Zoohandlungen ab. Zumindest sollten Tiere, die dort gekauft wurden, sorgfältig von einem Tierarzt untersucht werden.

EXPERTENTIPP: Viele fortschrittliche private Tierheime und Stiftungen führen Adoptionsprogramme für herrenlose Katzen (und Hunde) durch. Diese Tiere sind eine verantwortungsbewusste Wahl für alle, die eine Katze anschaffen möchten. Zudem ist der Interessent hier bei seiner Entscheidung weniger emotionalen Belastungen ausgesetzt als in einem Heim mit Hunderten herrenloser Tiere.

Züchter

Vorteile: Ein anerkannter Züchter ist eine ausgezeichnete Adresse für den Kauf junger Rassekatzen. Er wird selbst die detailliertesten Fragen über Abstammung, genetische Schwächen und Persönlichkeit Ihres Modells beantworten können. Um einen Züchter in Ihrer Gegend zu finden, erkundigen Sie sich bei Ihrem Tierarzt oder einem Züchterverein oder besuchen Sie eine Katzenausstellung.

Nachteile: gibt es eigentlich nicht. Sie sollten sich aber vergewissern, dass der Züchter qualifiziert ist. Er sollte Ihnen auch gestatten, sich bei ihm umzusehen, Ihnen die Namen von ehemaligen Kunden nennen und Ihnen detailliert Auskunft über Ihre Katze und deren Abstammung geben. Achten Sie darauf, dass das Tier alle in seinem Alter notwendigen Impfungen und tierärztlichen Untersuchungen erhalten hat, und Sie eine schriftliche Garantie für seine Gesundheit bekommen.

Nothilfegruppen / Stiftungen

Vorteile: Diese Organisationen »retten« herrenlose Rassekatzen und suchen für sie ein neues Zuhause. Das Internet bietet Informationen über zahlreiche solcher Gruppen.

Nachteile: Möglicherweise finden Sie in Ihrer Gegend nicht das Modell, das Sie haben möchten.

Privatpersonen

Vorteile: Die Zeitungen sind voll mit Anzeigen für junge Mischlingskatzen, die kostenlos oder gegen geringes Entgelt »in gute Hände« abgegeben werden. Solche Katzen eignen sich meist großartig als Hausgenossen. Dennoch sollten Sie die Jungtiere, ihre Umgebung und möglichst auch ihre Eltern sorgfältig in Augenschein nehmen. (Siehe »Checkliste für die Anschaffung einer jungen Katze«, Seite 46/47.)

Nachteile: Solche Würfe wurden möglicherweise nicht ausreichend tierärztlich betreut oder sozialisiert. Überdies vergrößert die unkontrollierte Fortpflanzung das ohnehin schon ernste Problem der Katzenüberpopulation. Versuchen Sie zumindest den Besitzer davon zu überzeugen, dass er die Mutter (und möglichst auch den Vater) kastrieren lassen sollte.

Checkliste für die Anschaffung

Stellen Sie sich bei der Begutachtung einer jungen Katze folgende Fragen. Im Idealfall sollten alle mit „Ja" beantwortet werden.

○ Ja
○ Nein

Sehen Sie sich die Mutter des Jungen an. Ist sie frei von größeren körperlichen und/oder psychischen Defekten, die sie an ihren Nachwuchs vererbt haben könnte?

○ Ja
○ Nein

Ist das Kätzchen mindestens acht Wochen alt? (Früher sollten Katzenkinder nicht von Mutter und Geschwistern getrennt werden.)

○ Ja
○ Nein

Wirkt das Kätzchen munter, glücklich und kontaktfreudig?

○ Ja
○ Nein

Wirkt das Kätzchen sanft und freundlich? (Ein Junges, das ohne ersichtlichen Grund faucht oder von Ihrer Gegenwart stark gestresst scheint, hat möglicherweise schwerwiegende Softwarefehler.)

○ Ja
○ Nein

Hat das Kätzchen alle in seinem Alter notwendigen Impfungen und tierärztlichen Untersuchungen erhalten? (Siehe „Besuche beim Service-Provider", Seite 160.)

○ Ja
○ Nein

Ist der Stuhl des Kätzchens fest? (Eine dünne Katze ist möglicherweise fehlernährt oder verwurmt.)

○ Ja
○ Nein

Sind seine Augen klar und frei von etwaigen Absonderungen?

○ Ja
○ Nein

Sind seine Ohren und seine Nase frei von etwaigen Absonderungen?

einer jungen Katze

Selbst ein einziges „Nein"
bedarf sorgfältiger Prüfung.

○ Ja
○ Nein
Hat das Kätzchen ein sauberes, glänzendes Fell? Scheint es sich zu putzen?

○ Ja
○ Nein
Ist seine Atmung regelmäßig und hustet oder niest es nicht?

○ Ja
○ Nein
Ist es körperlich gesund? (Es sollte weder lahmen noch druckschmerzempfindlich sein.)

EXPERTENTIPP: Bei jungen Rassekatzen wird empfohlen, sie auf spezielle genetische Leiden (wie Dysplasie, Taubheit usw.) untersuchen zu lassen, die bei bestimmten Rassen häufig auftreten. In jedem Fall sollten Sie jedoch den endgültigen Erwerb von einer Untersuchung und der Zustimmung durch Ihren Tierarzt abhängig machen. Wird in diesem Stadium eine schwerwiegende Funktionsstörung festgestellt, können Sie das Kätzchen zurückgeben, ehe Sie es ins Herz geschlossen haben.

ACHTUNG: Einige Experten raten davon ab, junge Kätzchen in einen Haushalt mit kleinen Kindern (unter 6 Jahren) oder Senioren einzuführen, weil Verletzungsgefahr bestehen könnte. Viele Tierärzte wiederum raten dazu, weil die Interaktion zwischen Mensch und Tier auf beide Parteien positiv wirkt.

Checkliste für die Anschaffung einer

Stellen Sie sich bei der Begutachtung einer erwachsenen Katze folgende Fragen
Im Idealfall sollten alle mit „Ja" beantwortet werden.

○ Ja
○ Nein
Können Sie Kontakt mit dem Vorbesitzer der Katze aufnehmen?

○ Ja
○ Nein
Gibt es Informationen über die Vorgeschichte der Katze und weshalb sie verkauft oder abgegeben werden soll?

○ Ja
○ Nein
Sind Sie sicher, dass die Katze nicht wegen einer schwerwiegenden Persönlichkeitsstörung wie Zerstörungswut abgegeben wird? (Dies muss nicht unbedingt gegen sie sprechen. Oft kann man solche Probleme durch liebevolle Aufmerksamkeit beheben.)

○ Ja
○ Nein
Ist die Katze stubenrein?

○ Ja
○ Nein
Scheint die Katze freundlich, umgänglich und an Ihnen interessiert zu sein?

○ Ja
○ Nein
Sollten Kinder im Haushalt sein: Ist die Katze mit Kindern aufgewachsen?

○ Ja
○ Nein
Sollten Hunde oder andere Katzen im Haushalt sein: Ist das Tier mit Hunden und Katzen aufgewachsen?

○ Ja
○ Nein
Ist die Katze ausreichend medizinisch betreut worden? Gibt es Unterlagen, die dies belegen?

○ Ja
○ Nein
Ist der Stuhl der Katze fest?

erwachsenen Katze

Selbst ein einziges „Nein"
bedarf sorgfältiger Prüfung.

○ Ja
○ Nein   **Sind ihre Augen klar und frei von etwaigen Absonderungen?**

○ Ja
○ Nein   **Sind ihre Ohren und ihre Nase frei von etwaigen Absonderungen?**

○ Ja
○ Nein   **Hat die Katze ein sauberes, glänzendes Fell und scheint sie sich zu putzen?**

○ Ja
○ Nein   **Ist ihre Atmung regelmäßig und hustet oder niest sie nicht?**

○ Ja
○ Nein   **Ist die Katze körperlich gesund? (Sie sollte weder lahmen noch druckschmerzempfindlich sein.)**

EXPERTENTIPP: Achten Sie darauf, dass Sie genügend Zeit mit einer erwachsenen Katze verbringen, um ihren Charakter kennen zu lernen. Gehen Sie außerdem mit der Katze vor der endgültigen Übernahme für einen Gesundheits-Check zum Tierarzt.

MODELL K-02 · *Europäisch Kurzhaar*

Micki

Micki

Kapitel 2

Installation und Inbetriebnahme

Eine Katze ihrer neuen Umgebung anzupassen, kann beglückend und gleichzeitig sehr anstrengend sein. Handelt es sich bei Ihrem Modell um ein Jungtier, stehen Ihnen möglicherweise Wochen komplizierter Software-Downloads (auch Erziehung genannt) und die Wartung eines komplexen und sich ständig verändernden Betriebssystems bevor. Eine erwachsene Katze macht in den meisten Fällen bei weitem nicht so viel Arbeit. Dennoch wird auch sie bei der Anpassung an ihr neues Zuhause Anleitung benötigen. Aus diesem Grund sollten Sie am besten die ersten 2 – 3 Tage bei Ihrer neuen Katze bleiben.

Konfigurieren der Wohnung

Es wird empfohlen, einige Vorsichtsmaßnahmen zu treffen, ehe Sie eine Katze zu sich holen. Räumen Sie alle Sachen fort, die Sie auch in Anwesenheit eines zweijährigen Kinds nicht herumliegen lassen würden. Und denken Sie daran, dass Katzen großartige Springer und Kletterer sind und ihre Neugier keine Grenzen kennt. Was bedeutet, dass Dinge, die eine potentielle Gefahr für sie darstellen, nicht »außer Reichweite« platziert werden können, sondern weggeschlossen werden müssen.

- Verwahren Sie Medikamente katzensicher, vor allem rezeptfreie Schmerzmittel. Aspirin und Ibuprofen sind für Katzen ebenso giftig wie der Wirkstoff Paracetamol (z.B. in Thomapyrin enthalten).
- Enteiser ist für Katzen tödlich. Schließen Sie alle Behälter mit Enteisungsmittel ein und wischen Sie Spritzer ggf. sofort auf.
- Räumen Sie sämtliche Reinigungsprodukte in Schränke mit Sicherheitsriegeln, da Katzen lernen, Türen zu öffnen.
- Trennen Sie sich von potentiell gefährlichen Pflanzen wie Päonien, Lilien, Hyazinthen, Efeu und Misteln.
- Halten Sie den Toilettendeckel geschlossen. Junge Katzen können in der Toilette ertrinken, erwachsene Katzen durch eventuelle Zusätze im Wasser Vergiftungen erleiden.

- Achten Sie beim Aufstellen von Blumensträußen darauf, dass alle enthaltenen Pflanzen für Katzen ungiftig sind.
- Sorgen Sie dafür, dass die Katze keinen Zugang zu offenen Kaminen hat. Andernfalls hinterlässt sie vielleicht im ganzen Haus rußige Fußspuren. Eine besonders neugierige (und sportliche) Katze endet möglicherweise sogar auf dem Dach.
- Machen Sie hoch gelegene Balkons für Katzen unzugänglich.
- Bewahren Sie Kunststofftüten sicher auf. Wenn die Katze in ihnen spielt, kann sie ersticken.
- Lassen Sie das Bügelbrett nicht herumstehen (vor allem nicht mit dem Bügeleisen darauf). Bügelbretter haben meist keinen sehr festen Stand und fallen um, wenn die Katze daraufspringt.
- Sichern Sie Innenrollos.
- Räumen Sie kleine Gegenstände wie Münzen, Nägel, Murmeln und alles andere, was die Katze verschlucken könnte, fort.
- Lassen Sie brennende Kerzen nie unbeaufsichtigt. Katzen werden von Wärme angelockt.
- Bringen Sie Wertsachen in Sicherheit, die beim Umwerfen beschädigt werden können.

⚠ *ACHTUNG: Verwahren Sie auch Schnur, Zwirn, Bänder, Zahnseide und dergleichen katzensicher. Aufgrund des Designs ihrer Zunge können Katzen sie leicht verschlucken. Die Zunge ist mit nach innen gerichteten Haken besetzt, in denen sich Schnüre verfangen und dadurch in den Schlund gelangen können.*

Katzen und ihre Neugier

Katzen erkunden neue Umgebungen vom Fußboden bis zur Decke, wobei sie keinen Winkel und keine Ritze außer Acht lassen. Aber leider steckt in dem alten Sprichwort »Die Neugier ist der Katze Tod« ein wahrer Kern. Sich selbst überlassen wird die Katze Verstecke entdecken, wo sie vielleicht in ernste Gefahr gerät. Es sind Fälle bekannt, in denen Katzen sich in die Hohlräume von Sesseln mit verstellbarer Rückenleh-

ne zwängten und beim Aufrichten der Lehne verletzt wurden. Zudem schlafen Katzen gern in warmen Wäschetrocknern. Nicht wenige sind schon von ihren Besitzern getötet worden, als diese ahnungslos das Gerät einschalteten. Um solche Tragödien zu verhindern, sollten derartige Plätze unzugänglich gemacht oder zumindest regelmäßig überprüft werden.

Empfehlenswertes Zubehör

Der Handel bietet Tausende von Zubehörteilen an, die die Lebensqualität von Katzen verbessern sollen. Die meisten sind nicht zwingend erforderlich, die folgenden aber unverzichtbar.

Katzentoilette: Stellen Sie die Toilette an einen ruhigen Platz, zu dem die Katze ungehinderten Zugang hat. Bei mehreren Katzen im Haus sollten Sie ein Klo mehr haben, als Tiere vorhanden sind. Katzen scheinen offene Schalen Toiletten mit Abdeckungen vorzuziehen (vermutlich, weil sie eine mögliche Geruchsentwicklung gar nicht erst aufkommen lassen).

Bett: Untersuchungen in den USA haben ergeben, dass etwa 60 % der Hauskatzen bei ihren Usern schlafen. Sollten Sie dies nicht wünschen, finden Sie im Fachhandel zahlreiche eigens für Katzen entwickelte Betten. Zu den (zumindest bei Katzen) beliebtesten gehören muldenförmige Betten mit hohen Wänden und waschbaren Bezügen, in denen sich ihre Benutzer eng zusammenrollen können.

*⚠ **EXPERTENTIPP:** Bei Katzen ist die Wahl des Schlafplatzes eine sehr persönliche (und eigenwillige) Entscheidung. Einige lassen die teuersten Spezialbetten unbenutzt und schlafen lieber auf einem alten Kissen oder dem Sofa. Und wenn sie einmal einen Lieblingsplatz haben, kann man sie kaum noch von ihm vertreiben.*

Kratzbaum: Ein mit Sisalschnur verkleidetes Modell ist empfehlenswerter als ein mit Teppich bespanntes Kratzmöbel. Letzteres lässt die Katze vielleicht glauben, dass man an *allen* Teppich- oder Polsterflächen kratzen darf.

Spielzeug: muss nicht aufwendig und teuer sein. Tatsächlich bereiten die einfachsten Dinge der Katze oft das größte Vergnügen. (Siehe »Spielzeuge und unterhaltsame Zeitvertreibe«, Seite 83.)

Kamm und/oder Bürste: Langhaarige Modelle benötigen einen feinzinkigen Kamm, eine Bürste mit Borsten, eine Drahtbürste und eventuell eine Zahnbürste (für das Gesicht). Kurzhaarige Katzen brauchen einen feinzinkigen Kamm, eine weiche Bürste, eine Gummibürste und ein Ledertuch (nach Belieben).

Halsband/Anhänger: Legen Sie Ihrer neuen Katze ein leichtes Halsband an, mit einem Anhänger, auf dem der Name des Tiers und (zumindest) Ihre Telefonnummer steht. Sie können auch eine Marke mit einem Impfnachweis hinzufügen. Benutzen Sie nur Halsbänder mit Sicherheitsverschlüssen, die sich öffnen, falls die Katze irgendwo hängen bleibt. (Siehe auch »Identifikationsmethoden«, Seite 86.)

Wasser-/Futternäpfe: Jede Katze sollte ein eigenes Set erhalten. Ausgezeichnet eignet sich Edelstahl (Keramik zerbricht leicht, auf Kunststoff reagieren manche Katzen allergisch). Achten Sie darauf, dass die Näpfe so breit sind, dass die Schnurrhaare der Katze beim Fressen nicht an ihr Gesicht gedrückt werden (sie empfindet das als unangenehm). Stellen Sie die Näpfe an einen ruhigen Platz. Sollten Sie einen Hund besitzen, sorgen Sie dafür, dass er keinen Zugang zu ihnen hat.

Transportbox: für den Transport unerlässlich. Wählen Sie ein Modell aus schlagfestem Kunststoff mit einer Metallgittertür oder ein Modell, das gänzlich aus beschichtetem Draht besteht. Es lässt sich leicht nach oben hin öffnen.

ZUBEHÖR (einzeln erhältlich) **Die gezeigten Produkte sind bei der Installation.**

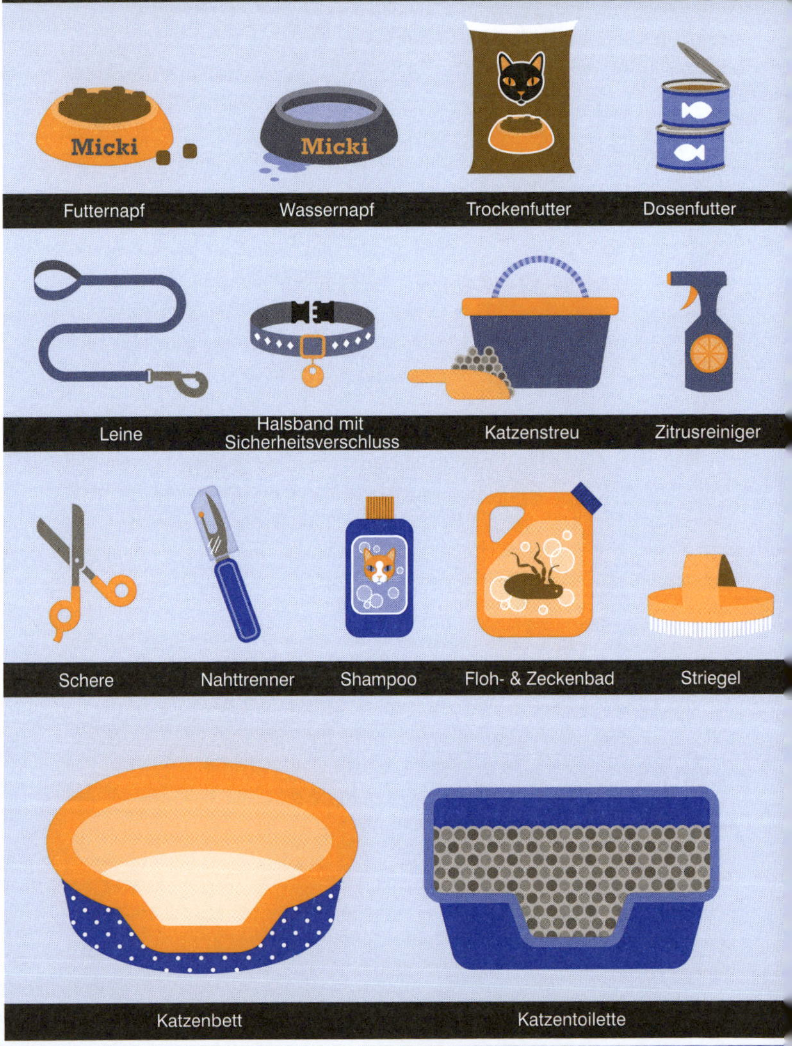

Futternapf	Wassernapf	Trockenfutter	Dosenfutter
Leine	Halsband mit Sicherheitsverschluss	Katzenstreu	Zitrusreiniger
Schere	Nahttrenner	Shampoo	Floh- & Zeckenbad	Striegel

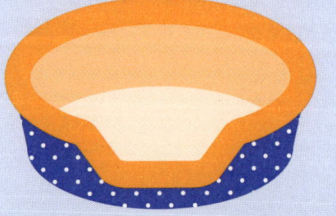

Katzenbett

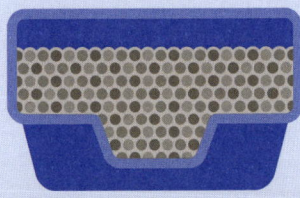

Katzentoilette

Inbetriebnahme und Wartung Ihrer Katze hilfreich.

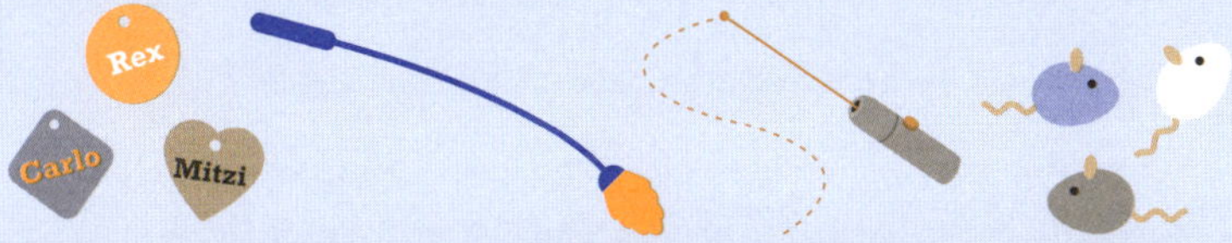

Snacks

Katzenminze

Klimperbälle

Seifenblasen

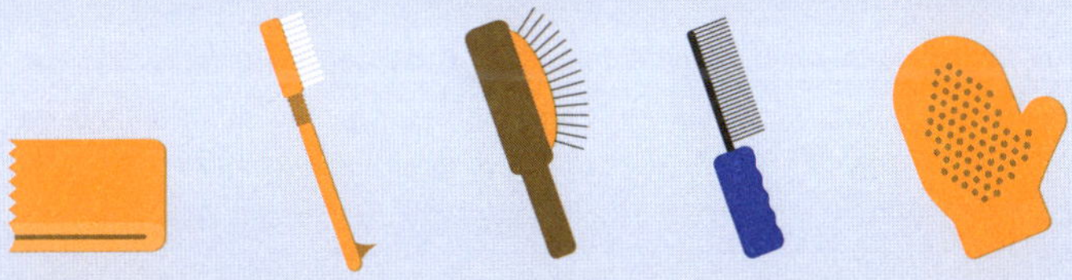

Namensanhänger

Federwedel

Laserpointer

Fellmäuse

Ledertuch

Zahnbürste

Bürste

Kamm

Fellpflegehandschuh

Kratzmöbel

Transportbox

Halten der Katze

Die meisten Katzen haben nichts dagegen, hochgehoben zu werden, sofern Sie Ihr Vorhaben klar zu erkennen geben und behutsam vorgehen. Abrupte Bewegungen oder ein zu festes Zupacken veranlassen die Katze vielleicht dazu, sich unter das nächste Sofa zu flüchten.

[1] Stützen Sie mit der einen Hand den Körper der Katze von unten ab. Die meisten Katzen ziehen es vor, richtig herum gehalten zu werden.

[2] Drücken Sie mit der anderen Hand die Katze an Ihre Brust.

[3] Ist Ihre Katze sehr groß, legen Sie einen Arm von hinten so unter den Körper, dass sich Ihre Hand unter den Vorderpfoten befindet. Mit der anderen Hand stützen Sie das Gewicht ab. Halten Sie die Katze gut fest, damit sie sich nicht befreien kann.

⚠ EXPERTENTIPP: Sollte Ihre Katze beißen oder sich in Ihrem Arm verkrallen, versuchen Sie nicht, ihn wegzuziehen. Die Bewegung ähnelt der eines zappelnden Beutetiers und bewirkt, dass Ihre Katze erst recht zupackt. Halten Sie einfach still. Ohne Feedback wird der Jagdmodus deaktiviert und die Katze lässt los.

Eingewöhnung

Die Eingewöhnung einer Katze im Haushalt kann recht einfach, sie kann aber auch von zahlreichen Komplikationen begleitet sein. Bei einer Installation müssen Sie zunächst das Alter der Katze berücksichtigen und dann die auf den nächsten Seiten beschriebenen Schritte befolgen.

HALTEN DER KATZE

1 Den Körper der Katze von unten mit der Hand oder dem Arm abstützen

2 Mit der anderen Hand das Tier an die Brust halten

Junge Katze

Richten Sie einen Raum Ihres Heims als »Kinderzimmer« ein. Statten Sie ihn mit Futter- und Wassernäpfen, einem Katzenbett, einer Katzentoilette (Futter und Toilette möglichst weit auseinander stehend), Spielzeugen und einem Kratzbaum aus. In ihm halten Sie das Kätzchen, bis es sich an die Benutzung seiner Toilette gewöhnt hat. Legen Sie Zeiten fest, zu denen Sie es füttern, streicheln und mit ihm spielen. Kinder sollten beim Umgang mit dem Kätzchen beaufsichtigt werden.

Nachdem Sie potentielle Gefahrenquellen beseitigt haben (siehe »Konfigurieren der Wohnung«, Seite 52), lassen Sie nun das Kätzchen unter Ihrer Kontrolle die anderen Bereiche der Wohnung erkunden. Sobald diese Schulungsmaßnahme abgeschlossen ist und das Kätzchen die Örtlichkeiten kennt, darf es sich frei bewegen. Allerdings sollten Sie ihm während der ersten drei Lebensmonate erhöhte Aufmerksamkeit schenken und auch Begegnungen mit Kindern überwachen.

Erwachsene Katze

Für eine erwachsene Katze kann die Gewöhnung an eine neue Umgebung schwierig sein. Versuchen Sie deshalb, ihr den Wechsel möglichst angenehm zu gestalten. Im Idealfall erhält sie einen ihr vertrauten Schlafplatz und vielleicht sogar ihre gewohnte Toilette. Erkundigen Sie sich, welches Katzenfutter sie bisher gefressen hat. Bleiben Sie zumindest eine Zeit lang bei dieser Marke.

Geben Sie der Katze nach der Ankunft in ihrem neuen Heim die Möglichkeit zu trinken und zeigen Sie ihr, wo sich Futter- und Wassernapf und die Katzentoilette befinden (auch wenn sie diese zunächst vermutlich nicht benutzt). Wirkt die Katze sehr nervös, sperren Sie sie zusammen mit Futter, Wasser und Toilette in einen Raum, bis sie sich beruhigt hat. Dann öffnen Sie die Tür und lassen sie den Rest des Hauses oder der Wohnung erkunden. Wundern Sie sich nicht, wenn die Katze sich ein Versteck sucht und für einige Stunden oder sogar einen ganzen Tag »verschwindet«. Sobald sie sich akklimatisiert hat, wird sie wieder zum Vorschein kommen.

Während dieser Einführungsphase sollte der Kontakt mit Kindern, anderen Haustieren und Fremden auf ein Minimum beschränkt werden. Rechnen Sie mit stressbedingten Funktionsstörungen, etwa damit, dass die Katze sich versteckt, Sachen zerstört oder ihre Toilette »verfehlt«. In den meisten Fällen werden sie sich, sofern sie überhaupt auftreten, rasch von selbst geben, sobald das Tier mit seiner neuen Umgebung vertraut ist.

EXPERTENTIPP: Ferien und Feiertage sind ein schlechter Zeitpunkt für die Anschaffung einer Katze. Im Idealfall bringt man eine neue Katze in eine ruhige Umgebung und widmet ihr viel Aufmerksamkeit. Dies ist häufig nicht möglich, wenn man beispielsweise Weihnachtsdekorationen aufhängt, längere Ausflüge unternimmt oder Gäste bewirtet.

Anpassen an Babys

Es ist in vieler Hinsicht einfacher, eine neue Katze an ein Baby zu gewöhnen als an ältere Kinder. Nehmen Sie das Baby einfach auf den Schoß und erlauben Sie der Katze, es näher zu inspizieren (sofern sie dies möchte). Lassen Sie die beiden bei weiteren Begegnungen aber niemals unbeobachtet. Ist umgekehrt die Katze bereits im Haus und das Baby der Neuankömmling, sind folgende Maßnahmen hilfreich, um die beiden aneinander zu gewöhnen.

■ Tragen Sie bereits vor der Geburt des Kindes Babylotion und/oder Babypuder auf Ihre Haut auf, damit die Katze mit dem Geruch vertraut wird. Sobald das Kinderzimmer eingerichtet ist, erlauben Sie der Katze es zu inspizieren. (Siehe Abb. A, nächste Seite.)

■ Sollte die Katze Babys nicht kennen, laden Sie Freunde mit Kleinkindern ein, damit die Katze Erfahrungen sammeln kann. Behalten Sie das Tier dabei genau im Auge.

■ Bringen Sie die Katze vor der Geburt des Babys zum Tierarzt, um sicherzustellen, dass sie gesund ist, keine Parasiten hat und alle Impfungen aufgefrischt sind.

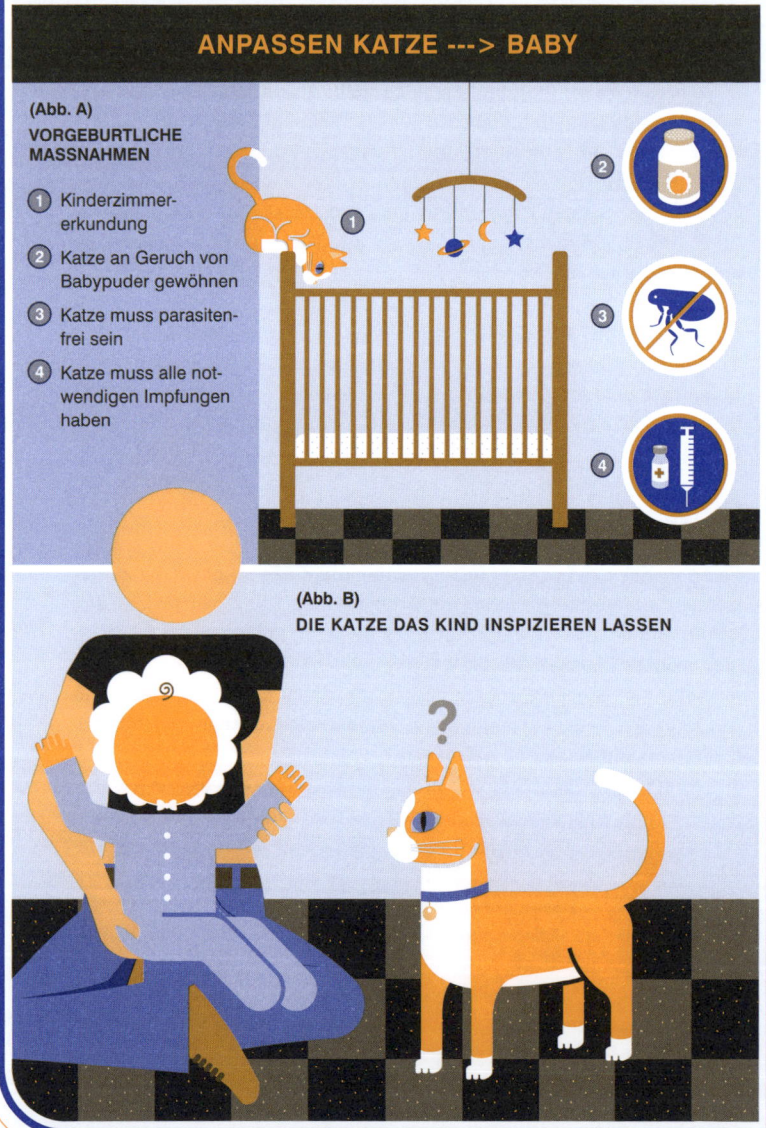

ANPASSEN KATZE ---> BABY

(Abb. A)
VORGEBURTLICHE
MASSNAHMEN

1. Kinderzimmer-
   erkundung
2. Katze an Geruch von
   Babypuder gewöhnen
3. Katze muss parasiten-
   frei sein
4. Katze muss alle not-
   wendigen Impfungen
   haben

(Abb. B)
DIE KATZE DAS KIND INSPIZIEREN LASSEN

- Sobald das Baby nach Hause kommt, machen Sie die Katze mit ihm auf eine Weise bekannt, die für das Tier nicht bedrohlich wirkt. Geben Sie ihm Gelegenheit, das Kind zu inspizieren (siehe oben). Auch bei der täglichen Wartung des Babys sollte die Katze zuschauen dürfen.

- Schenken Sie der Katze möglichst ebenso viel (oder vielleicht sogar etwas mehr) Aufmerksamkeit wie vor der Geburt des Kindes.

- Lassen Sie Katze und Kind niemals unbeaufsichtigt allein.

EXPERTENTIPP: Katzen können zwar Kindern nicht den Atem stehlen, wie man früher einmal glaubte. Dennoch sollten Sie der Katze nicht erlauben, im Kinderbettchen zu schlafen – was sie vermutlich versuchen wird, da sie eine Vorliebe für weiche, warme, erhöht liegende Ruheplätze hat.

Anpassen an ältere Kinder

Sobald sich die Katze an ihre neue Umgebung gewöhnt hat, kann sie mit jüngeren Mitgliedern der Familie bekannt gemacht werden. Hier gibt es für erwachsene Tiere und für junge Tiere unterschiedliche Vorgehensweisen.

Junge Katze

- Ehe Sie ein Kind mit der Katze zusammenbringen, machen Sie ihm klar, dass es sich bei ihr um ein empfindliches System handelt, das behutsam bedient werden muss. Bringen Sie dem Kind bei, wie man die Katze richtig hält (siehe Seite 58).

- Geben Sie dem Kind die Katze nur, wenn es sitzt. Jungtiere winden sich und werden dann von Kindern leicht fallen gelassen.

- Ein zuverlässiges Kind kann die Fütterung des Kätzchens übernehmen, um die Beziehung zu vertiefen. Die Verantwortung für die reibungslose Funktion und Wartung der Katze muss aber letztlich bei einem Erwachsenen liegen.

- Der Kontakt zwischen Kindern und Kätzchen sollte unter Aufsicht von Erwachsenen erfolgen.

ANPASSEN KIND ---> JUNGE KATZE

(Abb. A)
ACHTUNG: KATZE KANN SICH LOSWINDEN

(Abb. B)
KIND SETZEN LASSEN, EHE ES DAS KÄTZCHEN BEKOMMT

(Abb. C)
DAS KIND SOLLTE:

1. behutsam sein
2. das Kätzchen füttern
3. ihm Wasser geben
4. stets unter Aufsicht eines Erwachsenen stehen

ANPASSEN KIND ---> ERWACHSENE KATZE

(Abb. D)
KONTAKT VERMEIDEN BEIM:

1. Aufladen der Akkus
2. Nachtanken von Kraftstoff

(Abb. E)
KATZE MIT EINEM BALL LOCKEN

Erwachsene Katze

■ Ehe Sie Kinder und Katze zusammenbringen, machen Sie ihnen klar, dass das Tier sich verteidigen wird, wenn es sich bedroht oder in die Enge getrieben fühlt. Bringen Sie den Kindern bei, wie man die Katze richtig hält (siehe Seite 58).

■ Möglicherweise ist eine »offizielle Vorstellung« überflüssig. Sind die Kinder reif und geduldig genug, kann die Katze den Zeitpunkt der Kontaktaufnahme selbst bestimmen.

■ Ist eine offizielle Vorstellung notwendig, motivieren Sie die Katze mit einem Ball zum Spiel mit den Kindern. Das Spiel sollte aber nicht ungestüm werden. Machen Sie den Kindern klar, dass die Katze sie auch beim Spiel nicht mit Zähnen oder Krallen attackieren darf.

■ Instruieren Sie die Kinder, die Katze beim Schlafen und Fressen in Ruhe zu lassen. Sie würde darauf zwar nicht aggressiv reagieren, sich aber gestört fühlen.

■ Mit allzu heftigen Liebkosungen und Umarmungen sollten Kinder warten, bis die Katze sich an sie gewöhnt hat.

■ Verbieten Sie den Kindern, die Katze am Schwanz zu ziehen oder am Bauch zu kraulen, da dieser Bereich sehr empfindlich ist.

■ Bringen Sie den Kindern bei, die Katze nicht zu verfolgen, wenn sie sich abwendet und davonläuft.

■ Stellen Sie Futter- und Wassernapf, Toilette und Bett der Katze möglichst abseits der üblichen Aufenthaltsorte der Kinder auf.

EXPERTENTIPP: Wenn man Kindern beibringt, die Katzensprache (Seite 76) zu deuten, kann man Missverständnisse verhindern.

Anpassen an andere Katzen

Die Aufnahme einer neuen Katze in einen Haushalt, in dem es bereits eine Katze gibt, kann sowohl für den Besitzer als auch für die Katzen schwierig sein. Wildkatzen haben Reviere, die sie so vehement verteidigen, dass sie Artgenossen (außer während der Paarungszeit) nur selten begegnen. Wenn Sie eine neue Katze ins Haus holen, verlangen Sie

von der vorhandenen praktisch, ihre Domain zu teilen. Glücklicherweise kann dieses Problem bei richtiger Handhabung zur allseitigen Zufriedenheit gelöst werden. Möglicherweise dauert es jedoch Wochen oder sogar Monate, bis sich zwei Katzen vollkommen aneinander gewöhnt haben.

■ Ehe Sie die neue Katze nach Hause bringen, sollte ein Tierarzt sie untersuchen und nötigenfalls ein Update ihres Impfprogramms laden.

■ Überzeugen Sie sich, dass auch Ihre alte Katze parasitenfrei und geimpft ist.

■ Sperren Sie die neue Katze zunächst in ein eigenes Zimmer, das mit Futter- und Wassernapf, Katzentoilette, Kratzbaum und Spielzeug ausgestattet ist. Sie sollte einige Tage dort bleiben, bis sie sich beruhigt und sich an Sie und ihre neue Umgebung gewöhnt hat.

■ Lassen Sie die alte Katze die Tür des Zimmers, in dem sich der Neuzugang befindet, inspizieren. Halten Sie die Tür aber geschlossen.

■ Nachdem sich die Katzen akklimatisiert haben, öffnen Sie die Tür ab und zu für kurze Zeit einen kleinen Spalt (ein Türstopper verhindert, dass sie sich zu weit öffnet), damit sie sich betrachten können.

■ Bringen Sie die neue Katze in einer Transportbox in das Wohnzimmer. Geben Sie den Tieren Möglichkeit zum Dialog. Kleine Leckerbissen lockern die Atmosphäre. Wiederholen Sie dies, bis beide Katzen entspannt wirken.

■ Lassen Sie die Katzen zunächst für kurze Zeitspannen (5–10 Minuten) unter Aufsicht frei herumlaufen und dann immer länger, bis eine Trennung nicht mehr notwendig scheint.

⚠ *ACHTUNG: Versuchen Sie nie, zwei kämpfende Katzen mit den Händen zu trennen. Sie könnten dabei ernstlich verletzt werden. Ein lautes Geräusch reicht oft aus, dass sie voneinander ablassen. Andernfalls bespritzen Sie die beiden mit Wasser oder werfen ein Kissen oder Kleidungsstück nach ihnen.*

OPTIMALE KATZENKOMBINATIONEN

(Abb. A)
ZWEI JUNGE, KASTRIERTE MÄNNCHEN

(Abb. B)
ÄLTERES KASTRIERTES MÄNNCHEN MIT JUNGTIER BEIDERLEI GESCHLECHTS

(Abb. C)
ÄLTERES KASTRIERTES WEIBCHEN MIT JÜNGEREM WEIBCHEN

Katzenkombinationen

Tatsächlich ist die Installation von zwei Katzen oft einfacher als die eines Einzeltiers. Anstatt den ganzen Tag ihren Besitzer zu verfolgen oder Vorhänge und Mobiliar zu attackieren, wird eine Katze, die einen Gefährten hat, den größten Teil ihrer überschüssigen Energie auf ihn verwenden. Dabei sind manche Konfigurationen geeigneter als andere. So wird z.B. ein junger temperamentvoller (kastrierter) Kater am besten mit einem gleichaltrigen Männchen kombiniert (Abb. A). Interessanterweise kann ein ruhiger älterer (kastrierter) Kater ein besserer Gefährte für Jungtiere beiderlei Geschlechts (Abb. B) sein als eine kastrierte Katze, die Fremden gegenüber oft misstrauisch ist. Ein älteres Weibchen, das bisher allein gehalten wurde, wird am besten mit einem jüngeren Weibchen kombiniert (Abb. C).

Anpassen an Hunde

Hunde und Katzen sind keineswegs inkompatibel. Bei korrekter Installation können sie sogar gute Freunde werden. Es ist jedoch wichtig, die unterschiedliche Software beider Modelle zu berücksichtigen, da diese ihre Beziehung komplizieren kann. Viele Katzen sind introvertierter als Hunde und finden die Aufmerksamkeiten eines kontaktfreudigen, ziemlich großen Hausgenossen möglicherweise unerträglich. Umgekehrt können Hunde (von denen viele auf die Jagd kleiner Tiere programmiert sind) eine Katze als potentielle Beute betrachten. Dies bedeutet nicht unbedingt, dass Ihr Hund Ihre Katze angreifen wird oder Ihre Katze nichts von Ihrem Hund wissen will. Es bedeutet lediglich, dass ihre Konfiguration sorgfältig geplant und überwacht werden muss.

⚠ **EXPERTENTIPP:** *Es ist hilfreich, wenn die Katze bereits früh mit Hunden Kontakt hatte, und noch hilfreicher, wenn der Hund als Welpe an Katzen gewöhnt wurde.*

■ Einen neuen Hund im Haus sperren Sie zunächst in einen eigenen Raum. Lassen Sie die Katze an der geschlossenen Tür schnuppern (Abb. A).

■ Nachdem sich Hund und Katze an die neue Situation gewöhnt haben, bringen Sie beide unter sorgfältiger Beobachtung zusammen. Der Hund sollte angeleint sein. Oder er wird in eine Kiste gesetzt, in der die Katze ihn von außen begutachten kann.

■ Geben Sie Hund und Katze bei den ersten Begegnungen kleine Leckerbissen. So werden beide programmiert, ihren Hausgenossen mit positiven Dingen in Verbindung zu bringen.

■ Halten und streicheln Sie die Katze in Gegenwart des Hundes und umgekehrt.

■ Sorgen Sie dafür, dass die Katze einen für den Hund unzugänglichen Platz bekommt, an den sie sich zurückziehen kann (Abb. B).

■ Stellen Sie die Katzentoilette an einen Platz, wo der Hund sie nicht erreicht. Hunde fressen mitunter Katzenkot, was Funktionsstörungen verursachen kann.

■ Richten Sie die Futter- und Schlafstellen beider Modelle in getrennten Bereichen ein, in die sie sich zurückziehen können.

⚠ **EXPERTENTIPP:** *Bei Katzen mit ausgeprägtem Revierverhalten kommt es nicht selten vor, dass sie Welpen und/oder kleine Hunde schikanieren. Oft kann (und wird) der Hund die Situation mit ein paar lauten Kläffern regeln.*

ANPASSEN KATZE ---> HUND

(Abb. A)
KONTAKTAUFNAHME ÜBER TÜRSPALT

(Abb. B)
RÜCKZUGSBEREICH FÜR KATZE MIT:

1 Futter- und Wassernapf

2 Katzentoilette

ANPASSEN KATZE ---> ANDERE HAUSTIERE

(Abb. A)
VÖGEL

(Abb. B)
NAGETIERE

(Abb. C)
REPTILIEN

(Abb. D)
FISCHE

Anpassen an andere Tiere

Vögel: Hängen oder stellen Sie Käfige kleinerer Vögel (Abb. A) außerhalb der Reichweite von Katzen auf. Vergewissern Sie sich, dass sie stabil genug sind, um einem entschlossenen Angriff standzuhalten. Vögel können durch den Anblick eines Räubers, der sie anstarrt, zutiefst erschreckt werden. Am besten stehen Käfige deshalb an einem Platz, wo die Katze sie nicht sieht.

Nagetiere: Katzen sind auf die Jagd von Mäusen und Ratten (Abb. B) programmiert und sollten nicht in ihre Nähe gelassen werden. Halten Sie kleine Säugetiere stets in einem Käfig und am besten in einem für Katzen unzugänglichen Raum. Sollte Letzteres nicht möglich sein, vergewissern Sie sich, dass der Käfig bruchfest ist und seine Tür nicht von einer neugierigen Katze geöffnet werden kann.

Reptilien: Größere Würgeschlangen (Abb. C) wie Pythons können Katzen gefährlich werden, während Katzen eine Gefahr für kleinere Echsen darstellen. Daher hält man sie stets getrennt.

Fische: Sorgen Sie dafür, dass Goldfischgläser für die Katze nicht erreichbar sind und Aquarien eine Abdeckung haben. Tatsächlich kann ein sicheres Aquarium der Katze harmlose Kurzweil bieten (Abb. D).

Auswählen des Namens

Mit der Zeit lernen Katzen beinahe jeden Namen, den man ihnen gibt, zu erkennen und auf ihn zu reagieren. Am besten eignen sich jedoch Namen, die kurz sind und mit einem langen »i-Laut« enden wie Micki, Mitzi oder Sammy. Verzichten Sie möglichst auf Kosenamen mit scharfen Zischlauten (Sissy, Shiva etc.) und komplizierte Namen wie etwa Alexandra.

MODELL K-03 · *Maine Coon*

Kapitel 3

Interaktion im Alltag

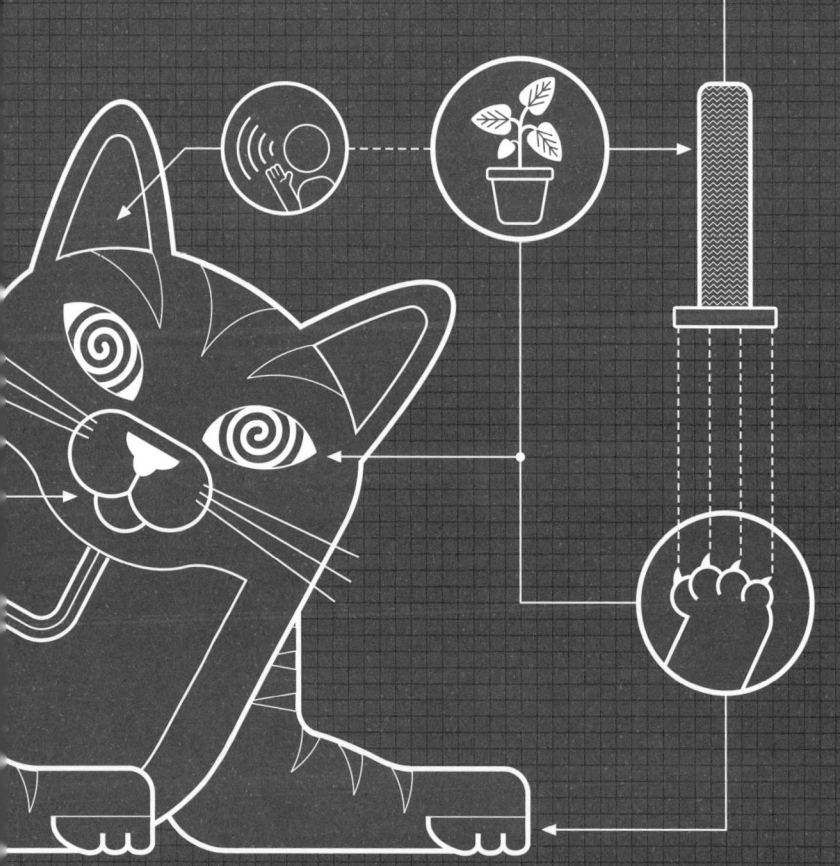

Kommunikation

Das Beobachten von Katzen und der Dialog mit ihnen kann faszinierend, aber auch frustrierend sein. Faszinierend, weil sie den User endlos unterhalten können, frustrierend, weil es gelegentlich zu einer harten Prüfung wird, ihre Gedanken, Stimmungen und selbst ihre Toilettenvorlieben zu begreifen. Das folgende Kapitel erklärt einige der wichtigsten Eigenarten im Dialog zwischen Katze und Mensch.

Akustische Signale

Für die akustische Verständigung sind bei Katzen folgende Lautäußerungen typisch:

Knurren: tiefer, grollender Ton, der potentielle Angreifer abschrecken soll.

Fauchen: weiteres, etwas ernsteres Warnsignal für potentielle Angreifer. Kann aber auch Schmerzen anzeigen.

Fiepen: hoher Laut, den die Katze häufig beim Spielen äußert und mitunter auch in Erwartung ihres Futters.

Spucken: noch deutlichere Warnung als Fauchen.

Schreien: ebenfalls ein Warnsignal für potentielle Angreifer.

Schnattern: weniger eine Lautäußerung als ein Zähneklappern, das zu hören ist, wenn das Raubtierprogramm der Katze aufgerufen wird, aber nicht aktiviert werden kann, wie etwa bei einer Katze, die an einem Fenster sitzt und Vögel im Freien beobachtet.

Miauen: Standardruf von Katzen, die Zuwendung möchten. Kommt bei erwachsenen Wildkatzen nicht vor. Möglicherweise eine weiterentwickelte Form des Maunzens, mit dem Katzenkinder die Aufmerksamkeit ihrer Mutter auf sich lenken wollen.

Maunzen: häufig von Jungen geäußerte Bitte nach Zuwendung. Eventuell unausgereifte Version des Miauens.

Raunzen: ein kehliges Miauen – eindringlicheres Einfordern von Aufmerksamkeit.

Trillern: aufgeregter hoher Schnurrlaut, mit dem Katzenkinder und Mütter sich häufig begrüßen. Erwachsene Hauskatzen empfangen mit ihm gelegentlich ihre Besitzer.

Liebesbeweise

Katzen bedienen sich häufig subtiler Methoden, um ihre Zuneigung zu zeigen. Unerfahrenen Usern können diese Signale leicht entgehen. Hier die häufigsten Zeichen.

Blinzeln: Katzen begegnen Fremden und potentiellen Widersachern (anderen Katzen, Menschen usw.) meist mit einem starren unnachgiebigen Blick. In der Katzenwelt bedeutet es ultimatives Vertrauen und Akzeptanz, wenn ein Modell in Gegenwart eines anderen die Augen schließt. Eine Katze, die ihren Besitzer mit ausgiebigem, unbekümmertem Blinzeln oder halb geschlossenen Augen begrüßt, signalisiert daher tiefes Vertrauen.

Körperpflege: Die Tatsache, dass Ihre Katze Ihnen gestattet, sie zu bürsten, beweist großes Vertrauen und Akzeptanz. In der Natur dient gegenseitiges Putzen dem Abbau von Stress und dem Aufbau von Beziehungen. Eine besonders extrovertierte Katze putzt manchmal auch ihren Besitzer.

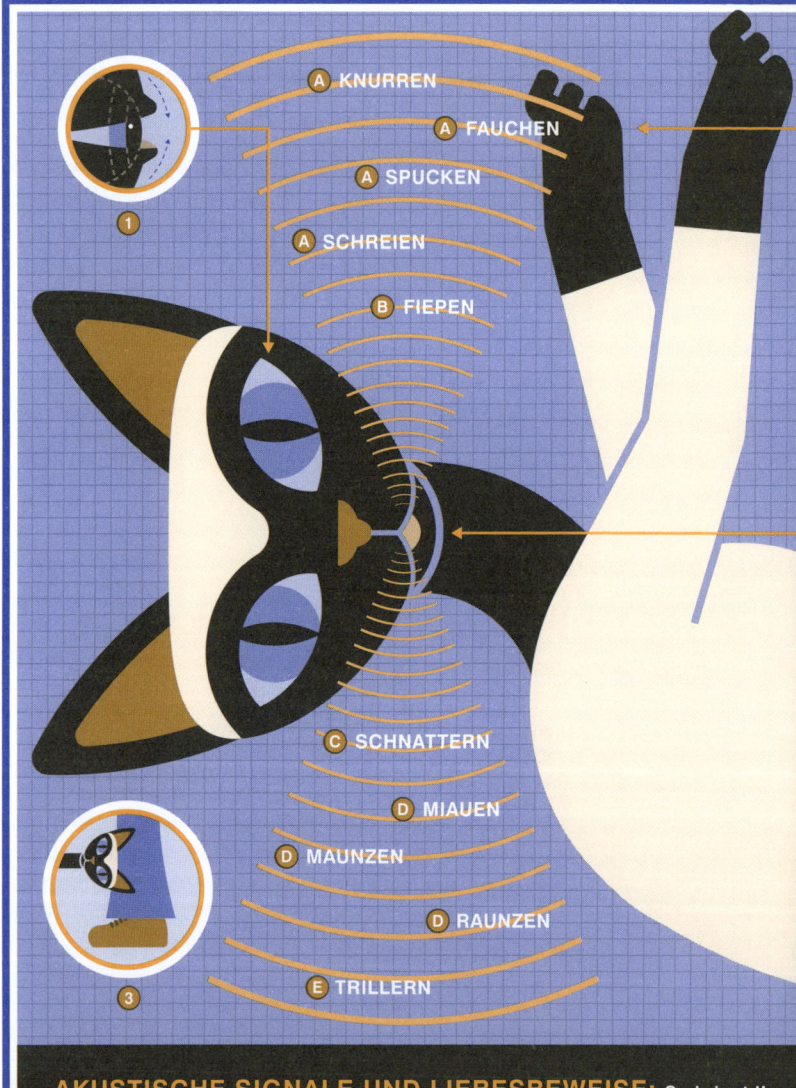

A KNURREN
A FAUCHEN
A SPUCKEN
A SCHREIEN
B FIEPEN

C SCHNATTERN
D MIAUEN
D MAUNZEN
D RAUNZEN
E TRILLERN

AKUSTISCHE SIGNALE UND LIEBESBEWEISE: So bringt Ihr

AKUSTISCHE SIGNALE:

A Abschrecken potentieller Angreifer

B Zum Spielen aufgelegt oder hungrig

C Jagdinstinkt geweckt

D Will Zuwendung

E Begrüßung

LIEBESBEWEISE:

1 Blinzeln
Signalisiert tiefes Vertrauen

2 Putzen
Dient dem Aufbau von Beziehungen

3 Kopf reiben
Besitzanzeigende Geste

4 Treteln
Belebung von Kindheitserinnerungen, auch Milchtritt genannt

5 Rückenlage
Signalisiert tiefes Vertrauen

Modell Stimmungen und Gefühle zum Ausdruck.

Kopf reiben: Bei Katzen sitzen im Gesicht Duftdrüsen, die ihnen zur Markierung ihres Reviers dienen. Eine Katze, die ihr Gesicht entschlossen an dem ihres Besitzers reibt, zeigt damit zum einen ihre Zuneigung und zum anderen »markiert« sie diese Person als ihr persönliches Eigentum.

Treteln: Durch ein rhythmisches Treten mit den Vorderpfoten regen Katzenkinder bei ihrer Mutter den Milchfluss an. Ahmen sie diese Bewegung bei ihrem Besitzer nach, ist auch das ein Liebesbeweis.

Bauch präsentieren: Wenn Ihre Katze sich auf den Rücken dreht und Ihnen ihren empfindlichen Bauch entgegenstreckt, demonstriert sie damit tiefstes Vertrauen. Allerdings ist dies nicht unbedingt eine Aufforderung, den Bauch zu kraulen. Möglicherweise würde dies sogar bewirken, dass sie sofort in den Abwehrmodus wechselt.

Schnurren

Machen Sie sich keine Sorgen, wenn Ihr Modell immer wieder leise brummt. Dies ist keine Funktionsstörung, sondern eine technische Vorrichtung in Ihrer Katze, mit der sie bestimmte Stimmungen mitteilt. Die Experten sind sich nicht sicher, wie der Ton entsteht. Einige vermuten, dass er in einer großen Vene erzeugt wird, die durch das Zwerchfell geht. Möglicherweise bringt die Katze sie durch Muskelkontraktionen zum Schwingen, was den charakteristischen Laut zur Folge hat.

Am nützlichsten ist Schnurren für Katzenmütter und neugeborene Kätzchen. Eine Mutter kann durch Schnurren ihrem zunächst blinden und tauben Nachwuchs ihren Aufenthaltsort anzeigen. Katzenkinder schnurren (ab dem Alter von einer Woche), damit ihre Mutter weiß, dass mit ihnen alles in Ordnung ist. Im Kontakt mit Menschen schnurren Katzen, um Zufriedenheit zu signalisieren, mitunter tun sie es aber auch, wenn sie Hilfe brauchen. So können verletzte und/oder kranke Katzen laut und anhaltend schnurren, wie sie es z.B. häufig bei der tierärztlichen Untersuchung tun.

Katzensprache – Menschensprache

Obwohl die Katze über große Speicherkapazitäten verfügt und zwischen Dutzenden Menschenworten differenzieren kann, »versteht« sie keines davon. Selbst eine kluge Katze begreift nicht, dass »Mitzi« ihr Name ist. Aber sie weiß aufgrund früherer Erfahrungen, dass es in ihrem eigenen Interesse liegt, bei diesem Laut zu ihrem Besitzer zu kommen. Ebenso verhält es sich mit einem Wort wie »sitz«. Die Katze versteht es zwar nicht, doch wenn sie dieses akustische Signal hört, weiß sie, dass von ihr ein bestimmtes Verhalten erwartet wird, für das sie eine Belohnung bekommt.

Schlafmodus

Die typische Katze schläft durchschnittlich 16 Stunden am Tag, was bedeutet, dass sie etwa 60 % ihres Lebens im Offline-Betrieb verbringt. Diese Konfiguration ist durch ihre Raubtier-Programmierung bedingt. Da ihre bevorzugte Beute (Mäuse) während der Morgen- und Abenddämmerung am aktivsten ist, sind der Tag und der größte Teil der Nacht Ausfallzeiten, die die Katze dösend verbringt. Aber sie schläft nicht am Stück, sondern macht viele kleine Nickerchen. Selbst im tiefsten Schlafmodus nimmt die Katze noch ihre Umgebung wahr. Ihre Ohren können in Reaktion auf Laute zucken, und bei der geringsten Bewegung springt sie sofort in den Online-Modus. Erweist sich die Störung als harmlos, kann die Katze ebenso schnell wieder offline gehen.

Diese Vorliebe für frühmorgendliche und abendliche Aktivität kann für den User nicht unproblematisch sein. Vor allem dann, wenn die Katze die halbe Nacht ruhelos durch das Haus schleicht oder um 5 Uhr morgens munter wird. Am besten lässt sich dies dadurch verhindern, dass man die Katze tagsüber durch Spiel ermüdet.

Wohnungskatze versus freilaufende Katze

Bis in jüngste Zeit galten Katzen als Indoor/Outdoor-Systeme oder sogar als reine Outdoor-Systeme. Das hat sich geändert. Heute raten einige Experten, Katzen als reine Wohnungstiere zu halten. Dafür gibt es zahlreiche Gründe. Wohnungskatzen sind weitgehend vor Viruserkrankungen, Kämpfen mit anderen Katzen, feindlichen Begegnungen mit Hunden und wilden Tieren und zahllosen anderen bedrohlichen Situationen geschützt. Die Gefahren für freilaufende Modelle sind so gravierend, dass mit einer erheblich geringeren Leistung und Lebensdauer des Systems gerechnet werden muss. Während eine Wohnungskatze oft 15 Jahre und älter wird, kann man bei einem Indoor/Outdoor-Modell von Glück reden, wenn es 10 Jahre hält. Dies ist auch Tierheimen nicht verborgen geblieben. Eine wachsende Zahl gibt Katzen nur noch an Interessenten ab, die sich schriftlich zu einer reinen Wohnungshaltung verpflichten.

Ein Katzenjunges wird im Idealfall als Wohnungskatze aufgezogen. Meist ist dies die einfachste Methode, eine Katze für diese Lebensweise zu programmieren. Aber auch bei einer erwachsenen Katze gibt es viele Techniken, um sie an ein Leben im Haus anzupassen. Wichtigste Voraussetzung ist, dass sie dort ebenso viele Beschäftigungen, Vergnügungen und Annehmlichkeiten vorfindet wie im Freien.

EXPERTENTIPP: *Sollte Ihre Katze immer wieder versuchen, sich durch offene Türen davonzumachen, müssen Sie vor allem dafür sorgen, dass ihr dies niemals gelingt. Andernfalls wächst die Verlockung es wieder zu tun. Entsprechend sollten auch Kinder instruiert werden. Und öffnen Sie niemals eine Außentür, wenn Sie die Hände voll haben. In diesem Fall können Sie Fluchtversuche nicht unterbinden.*

Workout und Spiel

Obwohl Katzen ein recht geruhsames Leben zu führen scheinen, bleiben viele Modelle bis ins hohe Alter hinein schlank und fit. Einige Experten glauben, dass Katzen möglicherweise die gesamte körperliche Bewegung, die sie brauchen, durch ihre Streckrituale nach dem Schlafen erhalten. Ein kluger User nimmt sich dennoch Zeit, um mit seiner Katze zu spielen. Dies vertieft zum einen die Beziehung und baut zum anderen überschüssige Energie der Katze ab, die sie andernfalls vielleicht darauf verwenden würde, den Hund zu ärgern oder an Vorhängen herumzuklettern. Spiele sollten aber nicht zu lange dauern (10 – 15 Minuten). Katzen sind für kurze Phasen intensiver Aktivität eingerichtet, nicht für Ausdauersport. Häufig signalisiert eine Katze ihre Ermüdung dadurch, dass sie das Interesse verliert und geht. Nach dem Spielen sollten die meisten Spielzeuge weggeräumt werden. Dadurch verhindert man, dass die Katze sie unter Möbel schiebt oder in Einzelteile zerlegt.

Spielzeuge und unterhaltsame Zeitvertreibe

Aufgrund ihrer angeborenen Neugier kann die Katze praktisch jeden Gegenstand im Haushalt in ein Spielzeug umfunktionieren und sich prächtig damit amüsieren. Mitunter nehmen dabei allerdings auch Wertsachen erheblichen Schaden. Dies lässt sich durch gezielte Aktivitäten verhindern.

■ Eines der besten Katzenspielzeuge ist ein Stück Schnur, das an einem Stock festgebunden wurde (siehe Abb. A, nächste Seite). Mit ihr können Sie Ihre Katze stundenlang unterhalten, während Sie gemütlich im Sessel sitzen bleiben.

■ Legen Sie in die leere Badewanne Tischtennisbälle, die die Katze herumschubsen kann (Abb. B, nächste Seite). Dieses Spiel ist vor allem bei Katzenkindern und jüngeren Katzen beliebt.

- Manche Katzen lieben es, Papiertüten und Pappschachteln zu untersuchen. Verwenden Sie aber keine Tüten mit Tragegriffen (Katzen können mit dem Hals in ihnen stecken bleiben) und vor allem keine Plastiktüten, in denen Erstickungsgefahr droht.
- Katzen jagen gern Lichtpunkten hinterher. Für dieses Spiel eignen sich Laserpointer hervorragend.
- Ein Sitzplatz am Fenster mit Sicht auf ein Vogelhäuschen im Freien bietet einer Katze endlose Stunden der Unterhaltung (Abb. C).

⚠ *ACHTUNG: Verzichten Sie auf Spielzeuge, die so klein sind, dass die Katze sie verschlucken kann, und lassen Sie sie nie unbeaufsichtigt mit Dingen spielen, an denen sich Schnur, Band, Zwirn usw. befindet. Gekaufte Spielzeuge sollten auf Teile überprüft werden, die sich lösen könnten. Zudem wird empfohlen, die Katze beim Spiel mit einem neuen Spielzeug zu beobachten. Möglicherweise treten unerwartete Probleme auf.*

⚠ *EXPERTENTIPP: Lenken Sie beim Spiel mit der Katze ihre Angriffslust stets auf das Spielzeug. Lassen Sie niemals zu, dass sie Ihre Hände oder andere Körperteile attackiert. Sie glaubt sonst vielleicht, Angriffe auf Menschen seien jederzeit akzeptabel.*

Katzenminze

Viele Katzen lieben Spielzeuge, die mit Katzenminze *(Nepeta cataria)* gefüllt sind. Diese bekannte Pflanze hat auf Katzen eine ähnliche Wirkung wie Haschisch auf Menschen. Katzen reiben sich offenbar mit größtem Vergnügen an Dingen, die das Kraut enthalten (Abb. D). Nach neuesten Forschungen soll dies weder kurz- noch langfristig schädliche Wirkung auf sie haben. Grundsätzlich reagieren alle Katzenmodelle auf Katzenminze, selbst Löwen. (Baldrian hat ähnliche Effekte.) Aber es gibt individuelle Unterschiede. Erwachsene Katzen sprechen zu 50 – 60 % auf Katzenminze an, Katzen unter zwei Monaten gar nicht.

Identifikationsmethoden

Selbst Wohnungskatzen sollten ein Halsband mit Anhängern tragen, da auch der größte Stubenhocker durch unvorhergesehene Ereignisse auf der Straße landen kann. Ein Anhänger mit Namen, Adresse und sowohl privater als auch geschäftlicher Telefonnummer des Users gewährleistet, dass das Modell wieder zu seinem Besitzer gelangt. Zudem sollte die Katze Anhänger mit dem Datum der letzten Tollwutimpfung und dem Namen und der Telefonnummer Ihres Tierarztes tragen. Aber da Katzen ein ausgesprochenes Talent besitzen, sich ihres Halsbands zu entledigen (und viele User Halsbänder vorziehen, die aufgehen, wenn die Katze irgendwo hängen bleibt), sind Anhänger nicht das beste Mittel zu ihrer Identifizierung. Empfehlenswerter ist eine Tätowierung der Katze oder die Installation eines Mikrochips. Der Mikrochip ist etwa reiskorngroß und wird an der linken Halsseite implantiert. Er ist für Katzen seit Juli 2004 Vorschrift, sobald sie weitere Strecken innerhalb Deutschlands oder der EU transportiert werden. Der Mikrochip muss bei der zentralen Registrierstelle eingetragen sein. Mit Hilfe eines Scanners

ERKENNUNGS-MARKEN

1. Katzenname
2. Besitzername
3. Kontaktadresse

VORN — Micki ← 1

HINTEN — Uschi Thiemeyer
Lindenstr. 23
81679 München ← 2
← 3

liefert er Informationen, die die Ermittlung des Besitzers oder des Tierarztes ermöglichen. Die Katze erhält als Ausweispapier den seit Juli 2004 gültigen EU-Heimtierausweis.

Abfallbeseitigungsverfahren

Zu den stärksten Verkaufsargumenten für die Katze zählt, dass sie weitgehend selbstreinigend ist. Die Katze putzt sich und deponiert ihre Abfallprodukte nicht nur an einem geeigneten Platz, sondern sie deckt sie auch zu. Eine erwachsene Katze verfügt meist schon über ein Programm für die Benutzung der Toilette. Der User muss ihr lediglich zeigen, wo die Toilette steht, und darauf achten, dass sie benutzt wird. Auch junge Katzen haben bereits die Neigung, ihre Abfallprodukte zu verscharren, und durch Beobachtung der Mutter wird sie noch weiter verstärkt. Deshalb ist es möglicherweise gar nicht erforderlich, einem neuen Kätzchen diese Technik beizubringen. Stellen Sie einfach eine Toilette in das Zimmer, in dem es zunächst untergebracht ist, und behalten Sie es im Auge. Benutzt es die Toilette nicht von selbst, setzen Sie es hinein, wann immer es einen Download vorzubereiten scheint (es hockt sich hin und hebt seinen Schwanz). »Unfälle« müssen sorgfältig beseitigt werden, da Katzen einmal besuchte Plätze wieder benutzen.

⚠️ **EXPERTENTIPP:** *Im Idealfall befindet sich auf jeder Etage des Hauses eine Katzentoilette oder eine mehr, als Katzen vorhanden sind.*

MÖGLICHE URSACHEN:

1. Wechsel der Katzenstreumarke
2. Mangelhaftes Design der Toilette
3. Schlechte Wartung der Toilette
4. Medizinische Ursachen
5. Reviermarkierung
6. Schlechter Standort der Toilette
7. Psychische Probleme

PROBLEMLÖSUNG:

8. Reinigungsmittel auf Zitrusbasis
9. UV-Licht macht Flecken sichtbar
10. Futternapf kann weitere Besuche verhindern

UNBEFUGTE DOWNLOADS: Benutzt eine Katze ihre Toilette nicht, kann

dies verschiedene Gründe haben.

Unbefugte Downloads

Gut erzogenen Katzen passieren, wenn überhaupt, nur selten Unfälle. Aber wenn es doch einmal dazu kommt, kann es den User lange beschäftigen. Katzenurin enthält große Mengen Ammoniak und riecht für Menschen ekelerregend. Zudem lässt er sich von Möbeln nur schwer entfernen, was aber notwendig ist, weil die Katze die Stelle sonst vermutlich erneut benutzen wird. Reinigen Sie den Bereich mit Seifenwasser und arbeiten Sie anschließend mit klarem Wasser nach. Eine nochmalige Benutzung können Sie möglicherweise dadurch verhindern, dass Sie die Stelle mit Essig oder Mundwasser besprühen. Auch Zitrusreiniger ist hilfreich. All diese Gerüche mögen Katzen gar nicht. Oder Sie stellen den Futternapf auf die Stelle. Eine weitere Alternative ist die Verwendung eines handelsüblichen Geruchsentferners oder eines Pheromonsprays, das Katzen davon abhält, den gleichen Platz immer wieder zu markieren.

⚠️ *ACHTUNG: Verwenden Sie niemals Reinigungsmittel auf Ammoniakbasis. Da ihr Geruch dem von Katzenurin ähnelt, würden Sie das Problem nur noch schlimmer machen.*

💡 *EXPERTENTIPP: Richten Sie beim Putzen ultraviolettes Licht auf die betroffene Stelle. Da Katzenurin fluoresziert, sehen Sie ihn so besser.*

Ursachen für Missgeschicke

Funktionsstörungen bei der Toilettenbenutzung können vielfältige Ursachen haben und auch krankheitsbedingt sein. Wenn es keinen offensichtlichen Grund für das Problem gibt und es über mehrere Tage hinweg auftritt, konsultieren Sie Ihren Tierarzt. Häufige Gründe für »Unfälle« sind:

Reviermarkierung: Unkastrierte Kater markieren ihr Revier häufig mit Urin, meist an senkrechten Flächen. Manchmal machen sich kastrierte Männchen dieses Verhalten zu eigen, hin und wieder auch Weibchen. Oft entsteht das Problem, wenn eine Katze verunsichert ist, etwa durch die Ankunft einer neuen Katze oder eines anderen Neuzugangs im Haushalt.

Wechsel der Katzenstreumarke: Katzen reagieren mitunter äußerst empfindlich, wenn ihre vertraute Einstreu gegen eine Marke mit anderer Beschaffenheit oder – schlimmer noch – anderem Geruch ausgetauscht wird. Tatsächlich können Katzen den Duft mancher Sorten so widerlich finden, dass sie die Benutzung der Toilette verweigern.

Schlechter Standort der Toilette: Eine Katze kann auch eine Toilette verweigern, die an einem lauten, unruhigen Platz steht. Vermutlich lässt sich das Problem hier durch ein Umstellen der Toilette lösen.

Mangelhaftes Design der Toilette: Manche Katzen benutzen Toiletten mit einer Abdeckung nicht, weil sie sich in ihnen gefangen fühlen. Katzenkinder haben möglicherweise Probleme, in Schalen mit hohen Wänden zu klettern.

Schlechte Wartung der Toilette: Katzenstreu sollte täglich gesäubert oder ausgewechselt werden. Eine stinkende oder überfrequentierte Toilette wird möglicherweise nicht benutzt.

Medizinische Ursachen: Eine Reihe von Funktionsstörungen wie etwa Diabetes oder Nieren- und Blasenleiden können zu Problemen beim Harnlassen führen. Darmparasiten sind mitunter ebenfalls Ursache für einen unbefugten Download.

Psychische Probleme: Auch eine gelangweilte, traurige, einsame oder ärgerliche Katze »verfehlt« mitunter ihre Toilette.

Kratzen

Alle Katzenbesitzer müssen mit der Tatsache leben, dass Katzen regelmäßig ihre Krallen betätigen – im Idealfall an ihrem Kratzbaum. Manchmal wählen sie dazu aber auch ungeeignete Objekte wie Stühle, Vorhänge und Türrahmen. Dieses Ritual dient nicht zum Schärfen der Krallen. Da diese normalerweise eingezogen sind, werden sie nicht stumpf. Katzen kratzen, um abgenutzte Nagelstücke abzulösen und ihr Revier zu markieren. Mit sichtbaren Kratzspuren erinnern sie Artgenossen an ihre Anwesenheit. Drüsen an den Pfoten hinterlassen zudem Duftmarken.

Sollte Ihre Katze an ungeeigneten Objekten kratzen, lässt sich das Problem möglicherweise durch folgende Maßnahmen lösen:

[1] Kaufen oder bauen Sie einen Kratzbaum. Verkleiden Sie ihn mit Sisal oder einem anderen Material, das nicht an Teppiche oder Polster erinnert.

[2] Reiben Sie den Baum mit Katzenminze ein. Bei jungen Katzen nutzt dies allerdings nichts. (Siehe »Katzenminze«, Seite 85.)

[3] Zeigen Sie der Katze, wie man den Baum benutzt. Fahren Sie mit Ihren Fingernägeln über die Oberfläche, bis die Katze seinen Zweck versteht.

[4] Attackiert die Katze ein bestimmtes Möbelstück, stellen Sie den Kratzbaum davor. Schützen Sie die betroffene Stelle mit doppelseitigem Klebeband vor weiteren Übergriffen. (Katzen mögen klebende Flächen nicht.)

[5] Falls Sie Zeuge unbefugter Attacken werden, bringen Sie die Katze zum Kratzbaum.

EXPERTENTIPP: Schimpfen oder ein Klaps hat bei Katzen keine Wirkung – oder zumindest nicht die gewünschte. Verhaltensänderungen lassen sich nur durch positive Verstärkung erreichen.

INSTALLATION EINES KRATZBAUMS

1. Statt Teppichboden Sisal verwenden
2. Baum mit Katzenminze einreiben
3. Der Katze die Benutzung zeigen

MODELL K-04 · *Siamese*

Kapitel 4

Basis-
programme

Überblick über vorinstallierte Software

Jede Katze wird mit einem umfangreichen vorinstallierten Programm-paket geliefert. Die meisten Programme decken sich weitgehend oder ganz mit denen vollkommen autonomer Katzentypen wie Leoparden, Tiger oder Pumas. Überraschenderweise haben viele der Funktionen, die ursprünglich der Katze das Überleben als Einzelgänger ermögli-chen sollten, auch ihre Domestizierung erleichtert.

Sozialisation: In freier Natur treffen die meisten Katzenmodelle nur in der Paarungszeit oder bei Revierkämpfen aufeinander. Diese Ablehnung des Gruppenlebens hat in der häuslichen Umgebung zahlreiche Konsequen-zen. Zum einen brauchen Katzen weit weniger Aufmerksamkeit als etwa ein Hund. Zum anderen zeigen sie wenig Neigung, sich bei ihren Usern einzu-schmeicheln. User müssen die Loyalität ihrer Katze gewinnen, was mitunter gar nicht so einfach ist.

Kommunikation: Da Katzen Einzelgänger sind, verfügen sie über weniger Ausdrucksmöglichkeiten als Hunde, deren Überleben davon abhängt, in-nerhalb einer Gruppe kommunizieren zu können. So kann ein Hund bei-spielsweise seinen Gesichtsausdruck beinahe endlos variieren. Das starre Gesicht der Katze ist dagegen stärker auf ihre Fähigkeit beschränkt, Daten zu übertragen. Sie kann sich stattdessen Körperhaltungen und akustischer Signale bedienen, um wichtigen Mitteilungen Nachdruck zu verleihen.

Jagdtrieb: Bei der Jagd auf kleine Beutetiere ist die Katze im Tierreich ohne Konkurrenz. Tatsächlich hat diese wichtige Funktion fast alle Aspekte ihrer Programmierung beeinflusst. Die Katze wird von einem Stück zuckender Schnur angelockt, da ihre optischen Sensoren für das Erspähen kleiner sich bewegender Objekte optimiert wurden. Tagsüber schläft sie die meiste Zeit, weil ihre Begabung als Jäger lange, anstrengende Beutezüge überflüssig macht. Sie geht nur bei Nacht und am frühen Morgen auf die Pirsch.

Revierverhalten: Jede Katze besitzt ihr eigenes Territorium. Die Notwendigkeit, diesen Bereich zu kontrollieren und zu verteidigen, ist die Ursache für die außergewöhnliche Aufmerksamkeit der Katze und ihre sprichwörtliche Neugier. Nichts in ihrem Revier, sei es in der afrikanischen Savanne oder in einem kleinen Bungalow, bleibt unentdeckt und unerforscht. Aber das ist auch einer der Gründe, weshalb Katzen durch einen Umzug, durch einen Neuzugang im Haushalt oder selbst durch Umstellen der Wohnzimmermöbel traumatisiert werden können.

Dominanz: Obwohl Katzen eigentlich Einzelgänger sind, werden in der Paarungszeit (in der meist das kräftigste Männchen zum Zuge kommt) und bei Revierkämpfen (bei denen die fähigste Katze das beste Territorium erobert) Hierarchien offenbar. Sie finden in vielen seltsamen Aspekten des Katzenverhaltens Ausdruck wie etwa beim Verscharren von Exkrementen, das einerseits verhindern soll, dass Feinde angelockt werden, andererseits aber auch ein Zeichen der Unterwerfung ist. Wo mehrere Katzen zusammenleben, kommt es nicht selten vor, dass das dominante Tier seinen Kot nicht verscharrt, um seinen Status zu demonstrieren.

Selbstreinigungsprozedur

Eine der nützlichsten Bestandteile der Software von Katzen ist ihre Neigung sich zu putzen. Neuere Untersuchungen zeigen, dass die durchschnittliche Katze mindestens 15 Prozent ihrer Zeit mit dieser Beschäftigung verbringt. Die Prozedur ist bei allen Modellen gleich. Die Katze beginnt damit, dass sie sich die Vorderpfoten leckt, bis sie nass sind. Dann streicht sie sich mit ihnen über den Kopf. Anschließend fährt sie mit dem Körper fort, zum Schluss putzt sie ausgiebig ihren Schwanz. Aber denken Sie daran, dass dies keine vollautomatische Funktion ist. Langhaarmodelle brauchen bei der Instandhaltung ihres Fells Unterstützung. Und Kurzhaarmodelle können bei dem Vorgang zu viele Haare verschlucken, die sich im Magen zusammenballen. (Siehe »Haarballen«, Seite 140.)

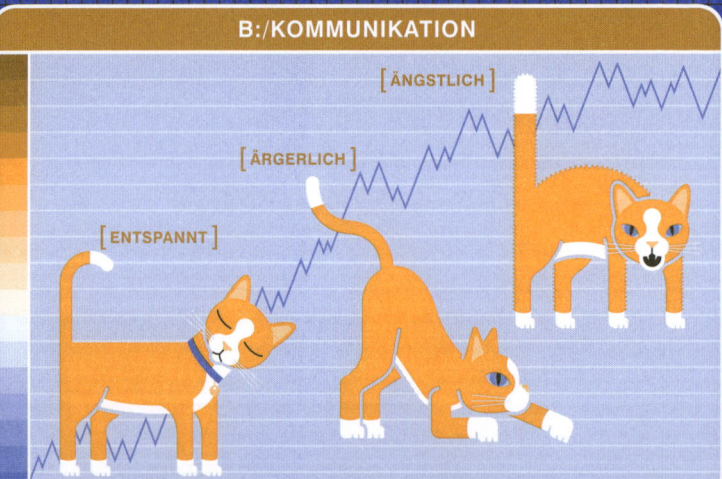

A:/SOZIALISATION

B:/KOMMUNIKATION

[ÄNGSTLICH]

[ÄRGERLICH]

[ENTSPANNT]

VORINSTALLIERTE SOFTWARE: Die meisten Katzen werden bereits m

C:/JAGDTRIEB

D:/REVIERVERHALTEN

E:/DOMINANZ

umfangreicher Software geliefert.

⚠ **ACHTUNG:** *Sollte sich Ihre Katze nicht mehr putzen, konsultieren Sie Ihren Service-Provider. Möglicherweise ist dies ein Hinweis auf eine schwere Funktionsstörung. Exzessives Putzen ist häufig Anzeichen eines exzessiven Flohbefalls.*

Trainingsoptionen (Zusatz-Software)

Entgegen der landläufigen Meinung ist es meistens durchaus möglich, Katzen zu erziehen. Einige Rassen, wie Perser, sind zwar im Allgemeinen wenig geeignet, die durchschnittliche Katze kann jedoch dazu bewegt werden, neue Programme zu erlernen. Aufgrund der einzigartigen Software der Katze funktioniert aber nur eine Methode – positive Verstärkung. Eine Katze wird niemals etwas lernen, weil sie Angst hat oder ihrem User »gefallen« will. Doch falls es ihr lohnend erscheint, lädt sie sogar komplexe Software herunter. Die meisten Katzen lernen z.B. sehr rasch von selbst zu »kommen«, wenn sie einen Dosenöffner hören. Diese Art der Konditionierung ist auch bei einer Vielzahl von anderen Anwendungen programmierbar.

Sozialisation

Viele User finden das vorinstallierte Basis-Programmpaket der Katze vollkommen ausreichend und verzichten auf Zusatz-Software. Eine spezielle Software ist für Ihr Glück und das Ihrer Katze aber entscheidend. Es ist absolut notwendig, dass sich kleine Kätzchen (bereits ab dem Alter von zwei Wochen) an Menschen gewöhnen. Andernfalls können die Folgen katastrophal sein. Die Fähigkeit, menschliche Gesellschaft zu schätzen (oder wenigstens zu tolerieren), ist ausschließlich erworben. Kätzchen, die ohne Kontakt zu Menschen aufwachsen, werden als erwachsene Tiere diesen gegenüber völlig indifferent sein oder sich sogar vor ihnen fürchten. Damit eine Beziehung entsteht, sollten Kätzchen regelmäßig mit Menschen zusammen sein – am besten ein- oder zweimal am Tag etwa 15 Minuten, in denen man sie hochhebt, sie streichelt und/oder mit ihnen spielt. Zudem ist es ratsam, Kätzchen an Hunde (siehe Seite 69) und Kinder (siehe Seite 63) zu gewöhnen. Wenn Sie ein Kätzchen zu sich nehmen, vergewissern Sie sich, dass es sozialisiert wurde.

Trainingstipps

Folgende Techniken machen selbst die kompliziertesten Downloads leichter.

■ Motivieren Sie Ihre Katze mit Leckerbissen. Vor allem bei einem schwierigen Download reicht Lob allein meist nicht aus. Sobald die Katze das gewünschte Verhalten beherrscht, muss sie oft nicht mehr belohnt werden.

■ Führen Sie das Training unmittelbar vor Mahlzeiten durch. Futter ist für die Katze eine noch verlockendere Belohnung.

■ Üben Sie mit der Katze in einem ruhigen Raum.

■ Halten Sie die Trainingseinheiten kurz (10–15 Minuten).

■ Benutzen Sie für bestimmte Aufgaben stets den gleichen Befehl – wie etwa »sitz« –, damit keine Verwirrung entsteht.

■ Beenden Sie das Training, wenn die Katze nicht mehr kooperiert, und versuchen Sie es am folgenden Tag wieder.

■ Üben Sie stets nur eine Aufgabe. Erst wenn die Katze sie meistert, gehen Sie zur nächsten über.

■ Loben Sie die Katze nach erfolgreicher Ausführung und geben Sie ihr einen Leckerbissen.

■ Führen Sie das Training täglich zur gleichen Zeit und am gleichen Ort durch.

Leinentraining

Diese Funktion ist für die Katze nicht lebenswichtig, kann aber nützlich sein. Eine an die Leine gewöhnte Katze folgt ihrem Besitzer auch in Notsituationen. Doch nicht jede Katze ist leinentauglich. Als Faustregel gilt: Je »hundeartiger« das Verhalten einer Katze ist, desto eher wird sie die Leine akzeptieren.

[1] Kaufen Sie eine leichte Leine und ein Katzengeschirr. Aus einem Geschirr kann die Katze nicht so leicht herausschlüpfen wie aus einem Halsband – sofern es nicht zu locker sitzt. Im Idealfall sollten Sie nicht mehr als zwei Finger zwischen den Körper der Katze und das Geschirr schieben können.

[2] Deponieren Sie die neuen Zubehörteile für einige Tage in Nähe des Schlafplatzes der Katze, damit sie mit ihnen vertraut wird.

[3] Legen Sie der Katze das Geschirr an und geben Sie ihr dann sofort einen Leckerbissen oder ihr Lieblingsfutter. Sollten Sie den Eindruck haben, dass die Katze sich unwohl fühlt, spielen Sie mit ihr, um sie abzulenken. Sobald sie zufrieden scheint, nehmen Sie ihr das Geschirr wieder ab.

[4] Wiederholen Sie Schritt 3 täglich, bis die Katze sich an das Geschirr gewöhnt hat.

[5] Befestigen Sie eine Leine und lassen Sie die Katze (unter Aufsicht) frei im Haus herumlaufen. Versuchen Sie nicht, sie zu »führen«. Sollte sie aufgeregt wirken, spielen Sie mit ihr, um sie abzulenken. Nehmen Sie ihr nach 15 Minuten Leine und Geschirr wieder ab. Wiederholen Sie dies täglich, bis die Katze sich daran gewöhnt hat.

[6] Nehmen Sie die Leine in die Hand und folgen Sie der Katze. Ziehen Sie die Leine aber nicht stramm und versuchen Sie nicht zu führen. Wiederholen Sie dies mehrere Tage.

LEINEN-ETIKETTE

1. Verkehr meiden
2. Hunden aus dem Weg gehen
3. Impfungen müssen gültig sein
4. Katze führen lassen – nie an der Leine zerren

[**7**] Unternehmen Sie mit der Katze Spaziergänge durch das Haus. Reden Sie ihr mit hoher Stimme freundlich zu, um sie zum Folgen zu bewegen. Da Katzen nicht wie Hunde »bei Fuß« gehen, wird sie hin und her laufen. Lassen Sie sich dadurch nicht von Ihrem Weg abbringen, aber zerren Sie die Katze auch nicht in Ihre Richtung. Vielleicht wird sie die Leine dann nie akzeptieren.

[**8**] Wenn die Katze im Haus an der Leine geht, üben Sie mit ihr im Freien weiter, vielleicht in einem Hinterhof. Geben Sie ihr einige Tage Zeit, sich an die neue Umgebung zu gewöhnen. Sobald sie nicht mehr nervös ist, beginnen Sie mit ihr wie oben beschrieben in einer ruhigen Umgebung Spaziergänge zu machen.

⚠ **EXPERTENTIPP:** *Spaziergänge sollten kurz sein und auf vertrautem Territorium stattfinden. Gehen Sie lautem Verkehr und streunenden Hunden aus dem Weg.*

⚠ **ACHTUNG:** *Wenn Sie eine Wohnungskatze an der Leine spazieren führen möchten, vergewissern Sie sich, dass ihre Impfungen noch gültig sind, sie vor Flöhen geschützt ist und sie Erkennungsmarken trägt.*

Sitz

[1] Halten Sie einen Leckerbissen über den Kopf der Katze (Abb. A). Gleichzeitig sagen Sie ihren Namen und geben ihr den Befehl »sitz«.

[2] Bewegen Sie den Leckerbissen über ihrem Kopf nach hinten, bis sie sich von selbst hinsetzt (Abb. B). Sollte sie dies nicht tun, drücken Sie ihr Hinterteil sanft herunter. Halten Sie den Leckerbissen über ihren Kopf und sagen Sie »sitz«.

[3] Sobald das Tier sitzt, loben Sie es und geben ihm den Leckerbissen.

[4] Wiederholen Sie die Übung täglich, bis die Katze das Programm beherrscht.

SPRACHBEFEHL: SITZ

(Abb. A)
LECKERBISSEN ÜBER KATZE HALTEN

MICKI, SITZ

(Abb. B)
LECKERBISSEN BEWEGEN,
DAMIT DIE KATZE SICH HINSETZT

SITZ

Platz

[1] Halten Sie einen Leckerbissen vor das Gesicht der Katze. Gleichzeitig sagen Sie ihren Namen und geben ihr den Befehl »Platz«.

[2] Senken Sie den Leckerbissen langsam bis in Brusthöhe der Katze. Im Idealfall folgt die Katze der Bewegung und lässt sich nieder.

[3] Bewegen Sie den Leckerbissen von der Katze fort, so dass sie sich nach ihm strecken muss und ganz natürlich »Platz« macht.

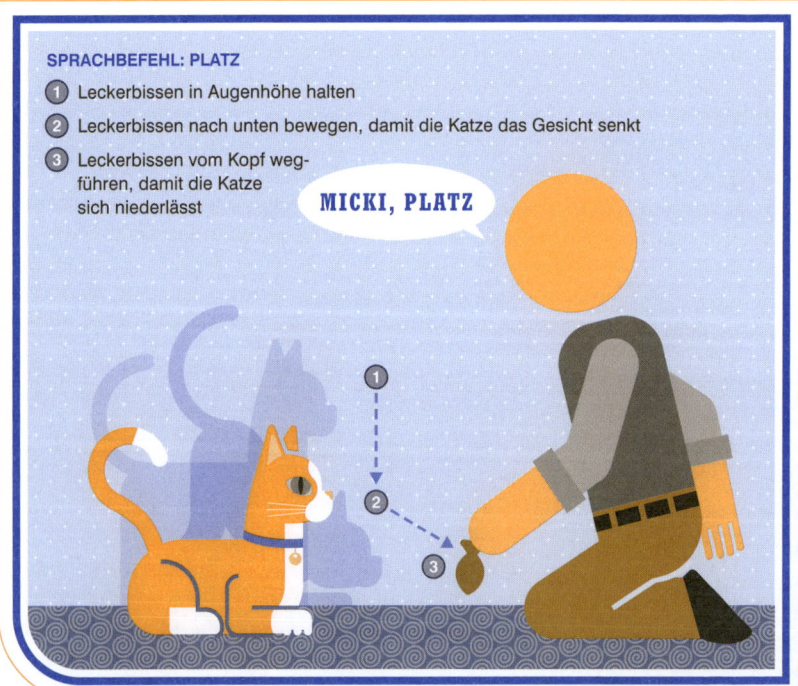

[**4**] Wenn das Tier liegt, loben Sie es und geben ihm einen Leckerbissen.

[**5**] Wiederholen Sie die Übung täglich, bis Ihre Katze das Programm beherrscht.

⚠ *EXPERTENTIPP: Mit den Befehlen »sitz« oder »Platz« kann auch der »Bleib«-Modus aktiviert werden. Damit die Katze länger in diesen Haltungen bleibt, dehnen Sie den Zeitraum zwischen Ausführung der Aufgabe und Belohnung nach und nach aus.*

Auf Rufen kommen

Das Erlernen dieses Verhaltens zahlt sich vor allem aus, wenn Ihre Katze sich weit entfernt oder ins Freie verirrt.

[**1**] Setzen Sie sich an einen bestimmten Platz und rufen Sie die Katze mit freundlicher Stimme. Locken Sie sie, zum Beispiel mit einem Leckerbissen.

[**2**] Wenn das Tier kommt, loben Sie es und geben ihm eine Belohnung.

[**3**] Wiederholen Sie die Übung an einem anderen Platz.

[**4**] Wiederholen Sie diese Übung, bis die Katze jedes Mal, wenn sie gerufen wird, kommt.

⚠ *ACHTUNG: Rufen Sie die Katze nie, wenn ihr Unangenehmes bevorsteht (wie etwa ein Bad). Erhält für sie der Befehl »komm« eine negative Besetzung, wird sie das gesamte Unterprogramm löschen.*

Hol's

Überraschenderweise lieben manche Katzen dieses Spiel ebenso sehr wie Hunde. Ob Ihr Modell das notwendige Programm besitzt, können Sie nur durch den Versuch es aufzurufen herausfinden.

[1] Werfen Sie der Katze ein kleines Baumwollspielzeug zu, am besten eines, das sie besonders mag.

[2] Warten Sie, bis die Katze zu ihm läuft und es in ihr Maul nimmt.

[3] Rufen Sie die Katze zu sich.

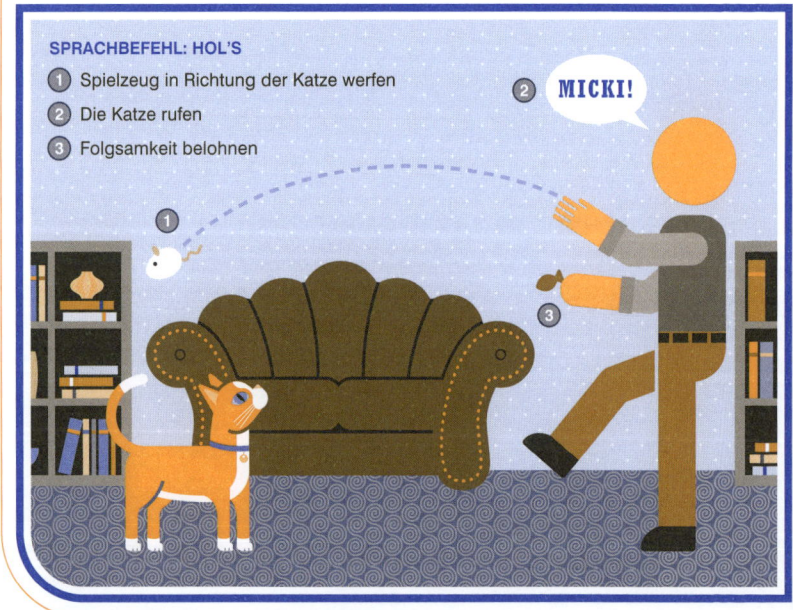

SPRACHBEFEHL: HOL'S
1. Spielzeug in Richtung der Katze werfen
2. Die Katze rufen
3. Folgsamkeit belohnen

MICKI!

[4] Kommt die Katze mit dem Spielzeug zu Ihnen, bieten Sie ihr im Tausch einen Leckerbissen an. Lässt sie das Spielzeug fallen, erhält sie ein Lob.

[5] Wiederholen Sie diese Übung so oft, bis die Katze verstanden hat, was Sie von ihr erwarten.

Klickertraining

Bei der Erziehung einer Katze muss richtiges Verhalten sofort belohnt werden, wenn die Katze begreifen soll, was von ihr erwartet wird. Möchte der User die Katze beispielsweise davon abbringen, dass sie ständig miaut, sollte er sie belohnen, wenn sie schweigt – und sei es nur für einen kurzen Moment. Dies funktioniert aber nur, wenn der User die Belohnung auf der Stelle zur Hand hat.

Eine Möglichkeit zur Erziehung einer Katze besteht darin, dass sie lernt, einen Klicker – ein kleines Gerät aus Metall oder Kunststoff, das ein klickendes Geräusch erzeugt – mit einer Belohnung in Verbindung zu bringen. Klicken Sie mit dem Klicker zunächst immer unmittelbar bevor die Katze ihr Futter erhält. Sie wird rasch einen Zusammenhang zwischen Geräusch und Mahlzeiten herstellen und angelaufen kommen, sobald sie es hört. Dann machen Sie die Verbindung noch klarer, indem Sie während »Trainingsstunden« einmal den Klicker betätigen und der Katze anschließend eine Belohnung geben.

Sobald die Katze den Zusammenhang vollkommen begriffen hat, setzen Sie den Klicker bei anderen Übungen ein. Wenn Sie Ihrer Katze »sitz« beibringen, klicken Sie, sobald sie sich hingesetzt hat. Dann geben Sie ihr eine Belohnung. Es ist jedoch wichtig, dass Sie während des Trainings weiterhin die richtigen Befehle (»sitz«, »Platz« usw.) benutzen.

MODELL K-05 · *Mischling*

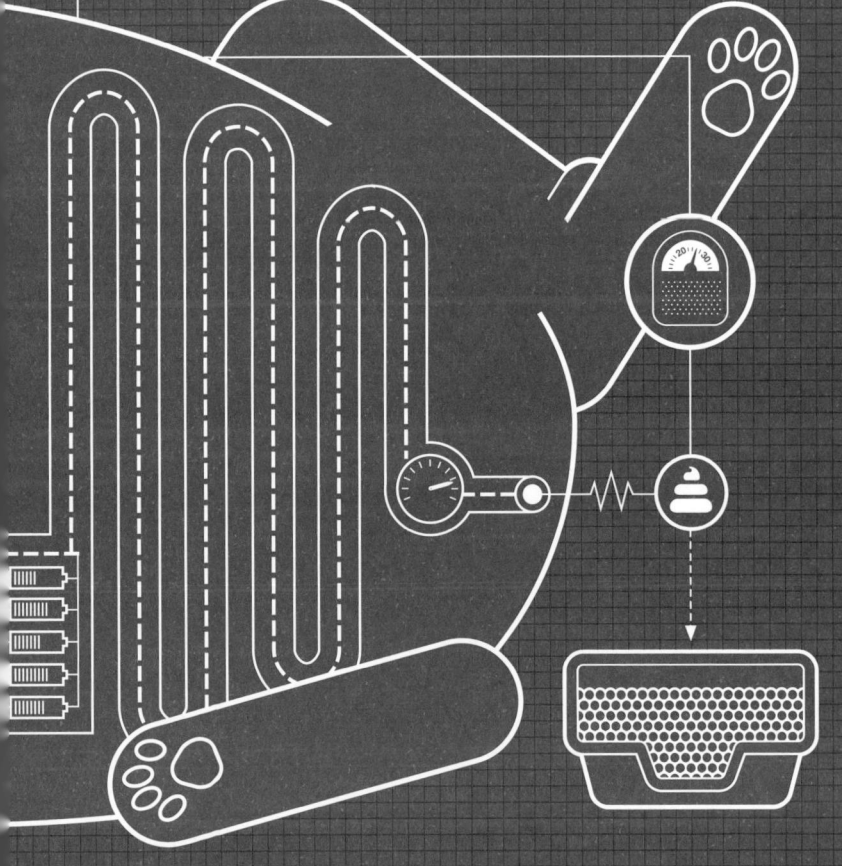

[Kapitel 5]

Energieversorgung der Katze

Unterschiedliche Kraftstoffe

Für die Energieversorgung der Katze wird im Wesentlichen zwischen Trockenfutter und Dosenfutter unterschieden. Trockenfutter enthält auf das Gewicht bezogen mehr Kalorien und Nährstoffe, ist preiswerter und hilft der Bildung von Zahnstein vorzubeugen. Katzen selbst bevorzugen Dosenfutter, das, wiederum auf das Gewicht bezogen, weniger Kalorien enthält und zu etwa 80 % aus Wasser besteht. Der User hat die Option, der Katze eine Mischung aus beiden Produkten anzubieten. Ratschläge gibt hier der Service-Provider.

Daneben ist Spezialnahrung beim Tierarzt erhältlich, z.B. für Katzen mit Diabetes oder Nierenfunktionsstörungen (ein großes Problem bei Katern). Sollten Sie Fertignahrung füttern, geben Sie der Katze zunächst die empfohlene Tagesration. Stellen Sie sich jedoch darauf ein, dass Sie die Energieversorgung den besonderen Bedürfnissen der Katze anpassen müssen.

Fleisch

Einige fleischfressende Tiere können auch große Mengen pflanzlicher Kost zu sich nehmen. Katzen sind jedoch echte Raubtiere, und die Feineinstellung ihres Organismus benötigt viel Fleisch und Fett, um richtig zu funktionieren. Katzen können z.B. pflanzliches Karotin nicht in Vitamin A umwandeln und müssen Innereien fressen, damit sie diesen lebenswichtigen Nährstoff erhalten. Zudem benötigen sie Arachidonsäure, eine Fettsäure, die sich nur in tierischem Gewebe findet, und sie haben einen ungewöhnlich hohen Bedarf an Taurin, eine spezielle Aminosäure, die nur in Muskelfleisch, Fisch und Schalentieren vorkommt.

Was aber nicht bedeutet, dass Katzen nur Fleisch fressen sollten. Bei allen Katzen ist pflanzliche Kost ein wichtiger Bestandteil der Ernährung. Selbst reine Fleischfresser wie etwa Löwen nehmen sie über den Mageninhalt ihrer pflanzenfressenden Beutetiere zu sich.

Grundsätzliches

■ Für Katzen ist fettreiche Kost empfehlenswert, die ihnen unter anderem bei der Aufnahme von Vitamin A und E hilft.

■ Unter extremen Bedingungen kommen Katzen sehr lange ohne Kraftstoffzufuhr aus. Sie können 40 % ihrer Körpermasse verlieren, ohne dass letale Funktionsstörungen auftreten.

■ Mit zunehmendem Alter der Katze sollte ihre Ernährung fettreicher werden.

■ Der Proteinanteil in ihrer Nahrung ist sehr hoch. Er macht etwa 26 % der täglichen Kalorien aus.

Durchschnittlicher Energiebedarf

Eine erwachsene Katze benötigt normalerweise am Tag pro 1 kg Körpergewicht etwa 60 g Dosenfutter oder 20 g Trockenfutter. Man geht heute allerdings davon aus, dass die *tägliche* Gabe von handelsüblichem Nassfutter wegen der enthaltenen Phosphate und Nitrate zu Störungen im Nierenstoffwechsel führt. Fütterungsempfehlungen finden sich auch auf den Etiketten von Fertignahrung. Für unter- oder übergewichtige Katzen gelten sie jedoch nicht. (Informationen zur Ernährung junger Katzen siehe Seite 147.)

UNTERSCHIEDLICHE KRAFTSTOFFE: Es gibt zwei Grundtypen: Trockenfutter und Nassfutte

TROCKENFUTTER (Vorderansicht)

QUALITÄTS-FUTTER

Für erwachsene Katzen

KatzenKnusper

HUHN mit Reis

EXTRA LECKER UND GESUND

IHRE KATZE WIRD ES LIEBEN!

**Prüfen Sie vor Auswahl der Marke
sorgfältig Eignung und Zusammensetzung.**

OCKENFUTTER (Seitenansicht)

NASSFUTTER (Vorderansicht)

① Alleinfuttermittel für eine ausgewogene Ernährung erwachsener Katzen mit allen wichtigen Vitaminen und Nährstoffen.

② Nach den Richtlinien des deutschen Futtermittelgesetzes

Zusammensetzung: Huhn, Reis, Möhren, Kohl, pflanzliche Eiweißextrakte, Zucker ③
Inhaltsstoffe: ④
Rohprotein 10,5 %, Rohfett 5,0 %, Rohfaser 1,3 %, Feuchtigkeit 80 %
Zusatzstoffe:
Vitamin A 2000 IE/kg, ⑤
Vitamin D³ 200 IE/kg, Vitamin E 20 IE/kg

QUALITÄTS-FUTTER

Willkatz Light
mit frischem Thunfisch

DIÄTFUTTER FÜR KATZEN

① Alleinfutter für die ausgewogene Ernährung übergewichtiger Katzen

② Nach den Richtlinien des deutschen Futtermittelgesetzes

③ **Zusammensetzung:** Thunfisch und tierische Nebenerzeugnisse, Mais, Erbsen, Mineralstoffe, Zucker
④ **Inhaltsstoffe:** Rohprotein 8,5 %, Rohfett 5,0 %, Rohfaser 2,3 %
⑤ **Zusatzstoffe:** Vitamin A 2000 IE/kg, Vitamin D³ 200 IE/kg, Vitamin E 20 IE/kg

NASSFUTTER (Rückansicht)

① Angaben zu Verwendungszweck und Eignung

② Hinweis auf ein hochwertiges Produkt, das nicht nur im Labor, sondern auch in Studien getestet wurde

Zutaten u. Inhaltsstoffe sind in der Reihenfolge ihres prozentualen Gewichtsanteils aufgeführt

③ Fleisch sollte ganz oben auf der Liste stehen

④ Inhaltsstoffe geben wichtige Nährwerte an

⑤ Vitamine werden unter Zusatzstoffen aufgeführt

Auswählen der Energie-lieferanten

Hersteller von Katzennahrung sind auf ihren Produkten zu genauen Angaben verpflichtet. Unter anderem müssen sie Auskunft darüber geben, für welche Katzen die Nahrung vorgesehen ist. Auf einem Produkt für Katzenkinder steht möglicherweise, dass es »eine ausgewogene Ernährung in den ersten Entwicklungsstadien« gewährleistet. Bei erwachsenen Katzen heißt es vielleicht, dass es »ein ausgewogenes Alleinfuttermittel« enthält, das »speziell auf die Bedürfnisse einer ausgewachsenen Katze abgestimmt« ist.

Studieren Sie nun die Zusammensetzung. An erster Stelle steht die Zutat, von der nach Gewicht am meisten enthalten ist. Bei Nassfutter handelt es sich fast immer um ein Fleischprodukt. Bei Trockenfutter erscheint Fleisch möglicherweise erst weiter unten auf der Liste. Dies liegt daran, dass bei Nassfutter dem Fleisch Wasser zugesetzt wurde, weshalb es schwerer ist. Trockenfutter kann die gleiche Menge Fleisch enthalten, aber es wiegt weniger. Normalerweise sollten ein oder sogar zwei Fleischprodukte ganz oben oder fast ganz vorne in der Liste der Zutaten stehen. So genannte tierische Nebenerzeugnisse (zu ihnen gehören z.B. Knochenmehl oder Fischhaut) sind gewöhnlich von minderer Qualität.

Studieren Sie zudem die Liste der Inhaltsstoffe auf dem Etikett. Sie gibt unter anderem den prozentualen Anteil von so wichtigen Substanzen wie Rohprotein, Rohfett und Rohfaser an. Außerdem ist dort der Flüssigkeitsanteil in Prozent verzeichnet. Unter den Zusatzstoffen finden sich Angaben über zugesetzte Vitamine und möglicherweise weitere Spurenstoffe.

Fütterungsmodus

Grundsätzlich ist es nicht empfehlenswert, der Katze ständig Kraftstoff bereitzustellen. Eine Ausnahme bilden jüngere Katzen, die ihre Nahrungsaufnahme meist selbst steuern können. Doch wenn Katzen älter werden und ihr Aktivitätslevel sinkt, fressen sie mitunter zu viel und werden übergewichtig. In Haushalten mit mehreren Katzen ist zudem oft schwer festzustellen, wer wie viel frisst.

Daher wird empfohlen, bestimmte Zeiten für die Kraftstoffzufuhr festzulegen. Gewöhnlich werden dann auch keine Reste übrig bleiben. Wenn die Katze das System einmal adaptiert hat, wird sie jede Portion rasch wegputzen. Für eine erwachsene Katze sind zwei Mahlzeiten am Tag ausreichend, die sie (analog zu ihren traditionellen Jagdzeiten) morgens und abends bekommen sollte. Achten Sie jedoch darauf, dass die Kraftstoffmenge insgesamt nicht den für das Modell empfohlenen täglichen Energiebedarf übersteigt.

Sehr junge Katzen dürfen so viel fressen, wie sie möchten. Gewöhnlich werden sie drei- bis viermal am Tag gefüttert. Wenn sie älter werden, reduziert man die Zahl der Fütterungen nach und nach. Ab einem Alter von sechs Monaten sollte eine Katze nur noch zweimal täglich Futter erhalten.

⚠ *EXPERTENTIPP: Füttern Sie die Katze parallel zu den Mahlzeiten der Familie. So können Sie vielleicht verhindern, dass sie um den Tisch streicht und bettelt.*

Wasserzufuhr

Die Katze sollte stets frisches, sauberes Wasser zur Verfügung haben. Gewöhnlich nimmt eine Katze doppelt so viel Wasser wie Trockennahrung zu sich. Eine Katze, die Nassfutter frisst (das zu etwa 80 % aus Wasser besteht), erhält das notwendige Wasser durch ihre Mahlzeiten und trinkt vielleicht wenig oder gar nichts.

KRAFTSTOFFERGÄNZUNG

KLEINE SNACKS

1. Kalorienarme Katzensnacks
2. Gegarte grüne Bohnen oder Möhren
3. Katzengras
4. Gegarte Nudeln oder Reis
5. Etwas Joghurt

SCHÄDLICHES MATERIAL

1. Hundefutter
2. Zwiebeln
3. Speisereste
4. Milch
5. Macadamianüsse
6. Tee, Kaffee und andere koffeinhaltige Getränke

Kraftstoffergänzung (Snacks)

Eine Katze sollte nicht mehr als 10 % ihres täglichen Kalorienbedarfs mit Snacks decken. Als Zwischenmahlzeiten geeignet sind:

- handelsübliche kalorienarme Katzensnacks
- gegartes Gemüse wie Möhren oder grüne Bohnen
- in einem Topf gezogenes Gras
- kleine Portionen gegarte Nudeln oder Reis
- etwas Joghurt

Folgende Dinge sind für Katzen schädlich und möglicherweise sogar tödlich:

- Hundefutter (nicht auf die Bedürfnisse von Katzen abgestimmt)
- Zwiebeln (können Anämie verursachen)
- Speisereste (können zu Übergewicht und Magenverstimmungen führen)
- Milch (Viele Katzen leiden, wie andere erwachsene Säugetiere, unter Laktoseintoleranz. Milch kann Magenverstimmungen und Durchfall hervorrufen.)
- Macadamianüsse (enthalten ein unbekanntes Gift, das Katzen sehr krank macht)
- Tee, Kaffee und andere Getränke oder Nahrungsmittel, die größere Mengen Koffein enthalten (extrem gefährlich für Katzen)

Störungen in der Kraftstoffaufnahme

Wenn eine Katze nicht mehr frisst, kann dies verschiedene Ursachen haben. Zu den häufigsten gehören eine plötzliche Änderung der Ernährung, Langeweile durch eintönige Kost, Wechsel der Jahreszeiten (Katzen fressen im Sommer oft weniger als im Winter), Stress, Angst vor einer anderen Katze, einem Hund oder einem Kind und sogar eine ungünstige Platzierung des Futternapfs. Oft ist das Problem leicht zu lösen, etwa indem die Ernährung ein wenig variiert und Trockenfutter ab

und zu durch Nassfutter ergänzt oder einfach nur die Temperatur der Mahlzeiten erhöht wird. Katzen sind als Raubtiere eigentlich auf frische Beute programmiert und bevorzugen daher Futter, das warm ist – oder zumindest Zimmertemperatur hat. Möglicherweise akzeptiert eine Katze Nassfutter aus einer neu geöffneten (nicht gekühlten) Dose, nicht aber kalte Reste, die im Kühlschrank aufbewahrt wurden.

⚠️ *ACHTUNG: Wenn eine Katze plötzlich nicht mehr frisst, muss sie sorgfältig beobachtet werden. Hält der Zustand länger als 24 Stunden an, kontaktieren Sie Ihren Service-Provider. Appetitverlust kann eine Funktionsstörung anzeigen.*

Gewichtskontrolle

Stellen Sie sich über die Katze und legen Sie die Finger auf ihren Brustkorb. Bei einer normalgewichtigen Katze sind die Rippen nur mit einer dünnen Fettschicht bedeckt und zu spüren, bei einer übergewichtigen Katze nicht. Prüfen Sie nun Gestalt und Gang der Katze. Übergewichtige Katzen haben einen sich vorwölbenden Bauch und Fettpolster an der Schwanzbasis, den Hüften, der Brust und dem Hals. Zudem watscheln sie beim Laufen.

Wiegen der Katze

[1] Wiegen Sie sich auf der Badezimmerwaage zunächst selbst (Abb. A).

[2] Nehmen Sie die Katze auf den Arm und wiegen Sie sich noch einmal (Abb. B).

[3] Ziehen Sie das erste Ergebnis vom zweiten ab (Abb. C).

[4] Wehrt sich die Katze gegen das Hochheben, brechen Sie den Vorgang sofort ab (Abb. D).

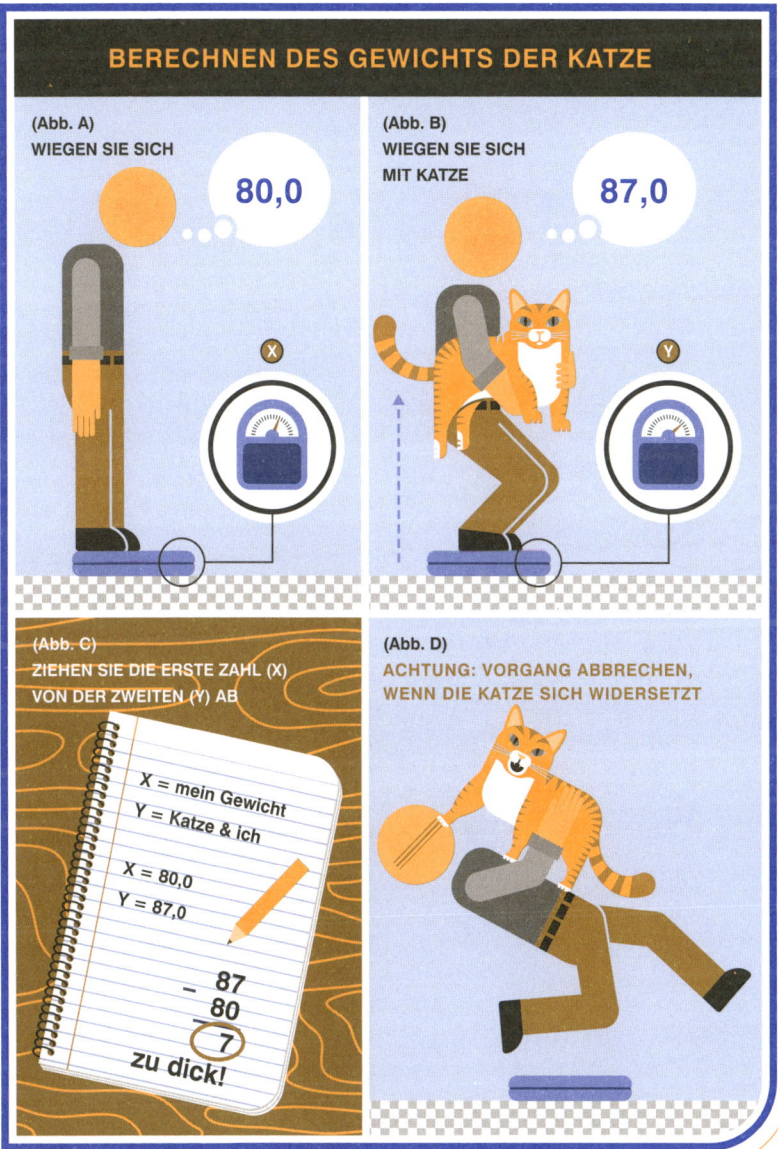

Gewichtsreduktion

Übergewicht tritt bei Katzen gewöhnlich dann auf, wenn die Energiezufuhr den täglichen Bedarf für ihren normalen Betrieb übersteigt. Etwa ein Viertel aller Hauskatzen hat Übergewicht. Wie bei Menschen kann dies zu Funktionsstörungen wie Arthritis, Herzerkrankungen, Diabetes und Leberproblemen führen. Soll Ihre Katze ein langes und gesundes Leben führen, ist es wichtig, dass sie ihr Idealgewicht ungefähr hält.

Ehe Sie die Energieversorgung Ihrer Katze ändern, stellen Sie zunächst mit Ihrem Tierarzt einen Aktionsplan auf. Gewichtsreduktion erfordert bei Katzen Zeit und ist nicht ohne Risiko. In manchen Fällen ist eine spezielle Diät oder die Berücksichtigung anderer erschwerender Faktoren erforderlich.

Befolgen Sie bei der Umsetzung Ihres Plans folgende Tipps:

■ Die Kalorienzufuhr der Katze kann entweder durch kleinere Portionen oder durch Umstellen auf ein kalorienarmes Produkt gedrosselt werden. Beides sollte nur unter tierärztlicher Kontrolle geschehen.

■ Achten Sie darauf, dass der Katze reichlich Wasser zur Verfügung steht. Wasser kann das Sättigungsgefühl erhöhen.

■ »Vergrößern« Sie die Mahlzeiten der Katze durch Ballaststoffe, die wenig oder keine Kalorien haben.

■ Wenn der Tierarzt einverstanden ist, verschaffen Sie der Katze mehr Bewegung. Meist reicht es, etwas länger mit ihr zu spielen.

■ Verpflichten Sie die gesamte Familie darauf, den neuen Ernährungsplan der Katze einzuhalten. Schon ein einziges Familienmitglied kann durch unerlaubte Leckerbissen die Bemühungen torpedieren.

■ Bemessen Sie Futterportionen genau.

■ Sind mehrere Katzen im Haushalt, füttern Sie die Tiere getrennt, damit die übergewichtige Katze niemandem Futter stibitzen kann. Lassen Sie das Futter der anderen Katzen nicht herumstehen.

■ Meiden Sie fettreiche Snacks. Belohnen Sie die Katze mit kalorienarmen Leckerbissen wie Popcorn, grünen Bohnen oder Möhren.

- Sprechen Sie mit dem Tierarzt ab, wie häufig die Katze zur Gewichtskontrolle muss.
- Die meisten auf Diät gesetzten Katzen brauchen 8 – 12 Monate, um das Wunschgewicht zu erreichen.
- Innerhalb einer Woche darf die Katze maximal 110 – 225 g verlieren.

Untergewichtige Katzen

Untergewicht ist bei Katzen ein größeres Problem als gemeinhin angenommen, denn Katzen sind mitunter heikle Esser und können aus einer Vielzahl von Gründen die Nahrung verweigern. Eine Katze hat Untergewicht, wenn man ihre Rippen nicht nur fühlen, sondern auch sehen kann. Zu dünne Katzen haben eine abnorm schmale Taille und einen sich vorwölbenden Brustkorb, zudem sind Schulterblätter und Wirbelsäule sichtbar. Falls Sie glauben, dass Ihre Katze untergewichtig ist, kontaktieren Sie umgehend Ihren Tierarzt. Neben einer unzureichenden Energieversorgung kann dieses Problem eine Vielzahl von Ursachen haben wie Krebs- und Nierenerkrankungen oder eine Schilddrüsenüberfunktion.

Kraftstoffumstellung

Eine plötzliche Änderung der Ernährung kann bei der Katze zu Magenverstimmungen oder zur Verweigerung des neuen Futters führen. Dies lässt sich aber durch eine langsame Umstellung vermeiden. Geben Sie am ersten Tag ein Viertel neues Futter und drei Viertel altes Futter. Füttern Sie ab dem zweiten Tag von beiden Produkten die gleiche Menge und einige Tage später schließlich drei Viertel neues Futter und ein Viertel altes Futter. Dann stellen Sie ganz auf die neue Nahrung um.

MODELL K-06

Himalayan
(Colourpoint)

Kapitel 6

Wartung der Oberfläche

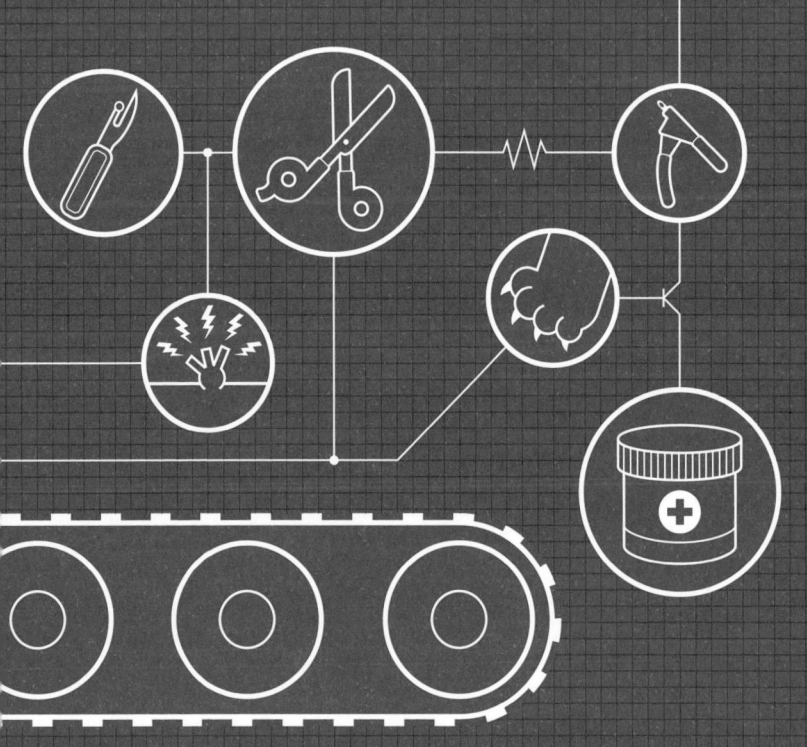

Der Arbeitsaufwand für die Wartung der Oberfläche einer Katze ist von Modell zu Modell unterschiedlich. Kurzhaarige Varianten sind relativ pflegeleicht, bei Versionen mit längerem Fell (Perser, Colourpoints, Maine Coons) ist eine weitaus stärkere Intervention seitens des Users (und gelegentlich eines Fachmanns) erforderlich. Viele andere Pflegemaßnahmen wie etwa Baden werden bei allen Rassen auf die gleiche Weise durchgeführt. Eine regelmäßige Wartung gewährleistet, dass Ihr Modell in Bestzustand bleibt.

Das Fell

Bei den meisten Katzen ist das Fell aus drei verschiedenen Haartypen konstruiert. Das Deckhaar besteht aus langen, kräftigen Leithaaren, das dichtere Unterhaar aus mittellangen Grannenhaaren und kurzen, weichen Wollhaaren. Ein weiterer extrem spezialisierter Haartyp sind die Schnurrhaare oder Sinneshaare.

Nicht bei allen Katzenmodellen sieht das Fell gleich aus. Die Angorakatze etwa hat sehr lange Leithaare und Wollhaare, aber keine Grannenhaare. Katzen benutzen ihr Fell nicht nur als Schutz vor Wärme und Kälte, sondern auch zum Ausdrücken von Stimmungen oder zu Abschreckungszwecken. Eine Katze zum Beispiel, die bei einer Konfrontation furchterregender aussehen möchte, stellt ihre Schwanz- und Rückenhaare auf, damit sie größer wirkt.

Katzen können grob in zwei Kategorien eingeteilt werden: Kurzhaarmodelle und Langhaarmodelle. Kurzes Fell kommt weit häufiger vor, da die Gene für diese Option dominant sind. (In freier Natur ist ein pflegeleichtes kurzes Fell sinnvoller als langes Fell.)

Haarausfall ist bei Katzen weitgehend jahreszeitlich bedingt. Wenn mit Frühjahrsbeginn die Tage länger werden, haaren sie deutlich mehr. Wohnungskatzen verlieren meist weniger Haare. Stress und Krankheiten können zu starkem Haarausfall führen, und auch ein Weibchen, das gerade geworfen hat, haart möglicherweise überdurchschnittlich.

Instandhaltung des Fells

Regelmäßige Fellpflege minimiert Haardownloads auf Möbeln und Teppichen, lässt Ihre Katze schöner aussehen und kann sogar das Problem der Haarballenbildung verhindern oder zumindest verringern. (»Haarballen«, siehe Seite 140.) Die meisten Katzen akzeptieren Unterstützung bei der Fellpflege, manchen ist sie sogar angenehm. In der Katzenwelt dient gegenseitige Fellpflege dem Aufbau von Beziehungen und der Entspannung. Am besten werden bereits junge Kätzchen an die Prozedur gewöhnt.

EXPERTENTIPP: Die Fellpflege ist eine ideale Gelegenheit, die Katze auf Zecken, Flöhe, Hautreizungen, Schwellungen oder andere Probleme zu untersuchen, die vielleicht tierärztliche Behandlung erfordern.

Zubehör

Folgende Dinge sind hilfreich, um die Oberfläche der Katze instand zu halten.

Bürste: Ideal ist eine weiche Drahtbürste oder eine Bürste mit weichen Borsten, mit der Knoten entfernt werden können, ohne die Haut zu reizen.

Kamm: besteht meist aus Stahl. Hält das Fell langhaariger Katzen in Ordnung. Manche Modelle sind beidseitig benutzbar und sowohl mit feinen als auch groben Zinken ausgerüstet.

Striegel: häufig aus Gummi hergestelltes Utensil, das bei kurzhaarigen Modellen lose Haare entfernt.

Pflegehandschuh: ist mit Noppen besetzt, an denen Haare hängen bleiben, und besonders zur Pflege des Gesichts und für Katzen, die sich nicht bürsten lassen, geeignet.

Schere: sehr nützlich zum Entfernen besonders hartnäckiger Knoten.

Nahttrenner: Utensil aus dem Nähkästchen, das auch bei Verfilzungen des Fells sehr hilfreich ist.

Zahnbürste: nützlich, um langhaarigen Katzen das Gesicht zu kämmen.

Ledertuch: lässt bei kurzhaarigen Modellen Glanz aufkommen.

Auswahl eines professionellen Anbieters

User von Kurzhaarkatzen haben bei der Fellpflege meist keine Probleme. Bei Langhaarmodellen kann es jedoch notwendig sein, regelmäßig die Dienste eines Profis in Anspruch zu nehmen. Tierärzte halten oft Listen mit empfehlenswerten Adressen bereit oder beschäftigen selber Fachkräfte. Entsprechende Informationen erhalten Sie auch bei zuverlässigen Züchtern und örtlichen Katzen-Clubs.

Weist Ihr Modell Besonderheiten auf (ist es z.B. alt oder Fremden gegenüber misstrauisch), müssen Sie dies bei Ihrer Wahl berücksichtigen. Besuchen Sie den von Ihnen anvisierten Fachbetrieb während der Öffnungszeiten ohne Vorankündigung zu einer Inspektion. Ist dort alles sauber und ordentlich? Werden Katzen und Hunde in getrennten Bereichen behandelt? Wie viel Sie bezahlen werden, hängt vom Zustand der Katze und vom Umfang der Instandsetzungsarbeiten ab.

⚠️ *ACHTUNG: Vergewissern Sie sich, ob die Impfungen Ihrer Katze noch gültig sind, ehe Sie mit ihr in einen Tiersalon gehen.*

Techniken bei der Instandhaltung

Methoden und Vorgehensweisen sind bei Langhaar- und Kurzhaar-modellen unterschiedlich.

Langhaarkatzen

Viele Langhaarrassen benötigen täglich 15 – 30 Minuten Pflege, damit ihr Fell nicht verfilzt. (Siehe auch »Verfilzungen entfernen«, Seite 131.)

[1] Entfernen Sie Knoten mit einem grobzinkigen Kamm. Kämmen Sie das Fell anschließend noch einmal mit einem feinzinkigen Kamm.

[2] Entfernen Sie abgestorbene Haare mit einer Drahtbürste. Das Heck der Katze wird besonders ergiebig sein.

[3] Ziehen Sie den feinzinkigen Kamm gegen den Strich (vom Schwanz zum Kopf) durch das Fell. Dadurch erhält es mehr Volumen.

[4] Glätten Sie das Gesichtshaar mit einer Zahnbürste. Sparen Sie die Augenpartie jedoch aus.

[5] Wiederholen Sie Schritt 3 mit dem grobzinkigen Kamm, damit sich das Haar aufstellt.

FELLPFLEGE-ETIKETTE

↑ LANGHAARMODELL
↓ KURZHAARMODELL

① Drahtbürste ② Feinzinkiger Kamm ③ Grobzinkiger Kamm ④ Zahnbürste
⑤ Borstenbürste ⑥ Striegel ⑦ Doppelseitiger Kamm ⑧ Ledertuch

Kurzhaarkatzen

Diese Modelle brauchen etwa zweimal pro Woche Pflege.

[1] Kämmen Sie das Fell mit einem feinzinkigen Metallkamm vom Kopf zum Schwanz.

[2] Wiederholen Sie Schritt 1 mit einem Gummistriegel oder einer weichen Bürste mit Naturborsten.

[3] Reiben Sie mit einem Ledertuch über das Fell, um ihm Glanz zu verleihen.

Verfilzungen entfernen

Verfilzungen entstehen, wenn sich abgestorbene Haare und nachwachsende neue Haare tief im Fell verschlingen. Sie bilden sich meist dicht an der Haut und können recht schmerzhaft sein. Zur Entfernung schieben Sie zunächst (wenn möglich) einen Kamm zwischen verfilztes Fell und Haut der Katze, um Verletzungen vorzubeugen. Dann setzen Sie am äußeren Rand des Bereichs einen Nahttrenner an und arbeiten sich langsam zur Mitte vor. Lässt sich die verfilzte Stelle nicht vollkommen entfernen, schneiden Sie den Rest mit der Schere heraus. (Schieben Sie auch hierbei einen Kamm zwischen Haare und Haut, um Verletzungen zu vermeiden.)

⚠ *ACHTUNG: Ist das Fell der Katze stark verfilzt, muss sie eventuell ganz oder teilweise geschoren werden. Diese Prozedur sollte ein Fachmann ausführen. Widersetzt sich Ihre Katze vehement der Fellpflege, muss möglicherweise der Tierarzt ihr das verfilzte Fell unter Narkose entfernen.*

Baden

Manche Katzen benötigen, wenn überhaupt, nur selten ein Bad. Andere, wie etwa Langhaarmodelle und alte, kranke oder behinderte Katzen, müssen vielleicht regelmäßig gebadet werden. Verwenden Sie dazu ein Spezialshampoo für Katzen. Für Menschen entwickelte Produkte sind zu aggressiv.

[1] Installieren Sie in einer großen Wanne eine Gummimatte. So hat die Katze einen sicheren Stand (siehe Abb. A, Seite 134).

[2] Legen Sie alle notwendigen Utensilien bereit (siehe Abb. B, Seite 134). Bürsten Sie die Katze vor dem Baden, um abgestorbene Haare und Knoten zu entfernen.

[3] Geben Sie einen Tropfen Paraffinöl oder Olivenöl in die Augenwinkel der Katze, um die Augen vor Seife zu schützen (siehe Abb. C, Seite 134).

[4] Füllen Sie die Wanne mit warmem Wasser. Ideal sind 38,5° C. Dies entspricht der normalen Körpertemperatur der Katze.

[5] Halten Sie die Katze gut fest. Tauchen Sie das Tier bis zu den Schultern im Wasser ein. Das Fell muss vollkommen nass sein. Reden Sie beruhigend auf die Katze ein. Falls sie sehr aufgeregt wird oder in Panik gerät, brechen Sie den Vorgang sofort ab.

[6] Leeren Sie die Wanne. Tragen Sie mit einem nassen Tuch ein wenig Shampoo auf das Gesicht der Katze auf. Sparen Sie dabei Augenpartie, Ohren und Schnauze jedoch sorgfältig aus. Entfernen Sie das Shampoo mit einem zweiten nassen Tuch wieder. Gießen oder sprühen Sie der Katze während der Prozedur kein Wasser auf den Kopf.

[7] Tragen Sie Shampoo auf den Körper der Katze auf (siehe Abb. D, Seite 135). Massieren Sie es behutsam ein. Vergessen Sie Schwanz und Output-Port nicht.

[8] Füllen Sie die Wanne wieder mit lauwarmem Wasser und spülen Sie das Shampoo aus. Möglicherweise müssen Sie das Wasser mehrmals erneuern, um das Shampoo vollkommen zu entfernen (siehe Abb. E, Seite 135). Manche Katzen lassen sich abduschen. Dabei darf jedoch kein Wasser auf ihren Kopf gelangen. Ist die Entfernung des Shampoos schwierig, mischen Sie 2 l Wasser mit 100 ml Essig und schöpfen es über den Körper der Katze. Dadurch werden sämtliche Shampoorückstände beseitigt. Spülen Sie anschließend mit klarem Wasser nach.

[9] Tupfen Sie das Wasser vom Fell. Setzen Sie die Katze dann auf den Boden oder einen Tisch. Kurzhaarkatzen brauchen nur kräftig mit einem Handtuch abgerieben und dann einige Zeit in einem warmen Zimmer gehalten werden. Langhaarkatzen müssen sorgfältig gekämmt und eventuell geföhnt werden (siehe Abb. F, Seite 135).

⚠ *EXPERTENTIPP: Bei Benutzung eines Föhns schalten Sie das Gerät auf die niedrigste Wärmestufe. Arbeiten Sie gegen den Strich. Beginnen Sie mit dem Rumpf und gehen Sie dann zu Beinen und Hals über. Schwanz, Bauch und Hinterbeine werden zuletzt geföhnt, da Katzen dies am wenigsten mögen. Brechen Sie bei Gegenwehr den Vorgang sofort ab.*

⚠ **ACHTUNG:** Halten Sie die Katze in einem warmen Zimmer, bis ihr Fell vollkommen trocken ist.

(Abb. A)
GUMMIMATTE INSTALLIEREN

(Abb. B)
ZUBEHÖR BEREITLEGEN

1 Shampoo
2 Schöpfkelle
3 Waschlappen
4 Paraffinöl/ Olivenöl
5 Kamm
6 Handtuch oder Föhn

(Abb. C)
VORBEREITEN DER KATZE

38.5 C

BADEPROZEDUR: Manche Modelle sind selbstreinigend, andere wie etwa

(Abb. D)
SPEZIALSHAMPOO AUFTRAGEN

(Abb. E)
SHAMPOO BEHUTSAM AUSSPÜLEN

(Abb. F)
SORGFÄLTIG TROCKNEN

NIEDRIGE STUFE

Langhaarkatzen müssen möglicherweise manuell gereinigt werden.

Ohren

Die Ohren sollten regelmäßig auf unangenehmen Geruch, Rötungen und/oder Entzündungen überprüft werden. Bei Auftreten dieser Probleme wird eine tierärztliche Untersuchung empfohlen, ebenso, wenn die Katze sich ständig die Ohren kratzt. Zum Reinigen der Ohren verwenden Sie einen mit Wasser oder Olivenöl befeuchteten Wattebausch. Säubern Sie nur den äußeren sichtbaren Bereich, niemals den Gehörgang. Wattestäbchen dürfen nur unter tierärztlicher Anleitung benutzt werden.

Augen

Die Augen einer gesunden Katze sollten stets glänzen und keine Verfärbungen aufweisen. Manche Katzenmodelle haben lange Haare im Gesicht, die in die Augen hängen und Reizungen und/oder Verletzungen der Hornhaut verursachen können. Achten Sie darauf, dass diese Haare im Tiersalon stets geschnitten werden. Versuchen Sie nicht, sie selbst zu schneiden. Sie könnten dabei Ihrer Katze mit der Schere in die Augen stechen. Untersuchen Sie die Augen auf Sekretabsonderungen. Entfernen Sie diese gegebenenfalls mit einem angewärmten Tuch. Gibt sich das Problem nicht (vor allem bei Persern und Colourpoints tritt es häufig auf) oder sind die Absonderungen massiv oder verfärbt, konsultieren Sie Ihren Service-Provider.

Zähne

Katzen neigen zu Zahnsteinbildung und Zahnfleischentzündungen. Diese Probleme lassen sich jedoch frühzeitig erkennen. Untersuchen Sie die Zähne auf Verfärbungen, Zahnstein, Abnutzungserscheinungen und Beschädigungen und das Zahnfleisch auf Verfärbungen und Entzündungen. Infektionen im Maul der Katze sind oft sehr gefährlich. Langfristig können dadurch die inneren Organe und/oder das Immunsystem der Katze belastet werden – ganz abgesehen davon, dass sich das Problem nur Zentimeter von ihrer zentralen Prozessoreinheit befindet.

 EXPERTENTIPP: *Trockenfutter kann Zahnsteinbildung reduzieren.*

Notfälle

Unbekannte oder nicht identifizierbare Substanzen auf dem Fell der Katze werden am besten umgehend entfernt. Andernfalls leckt sie diese möglicherweise ab, was zu Funktionsstörungen führen kann.

Kletten: Kletten können meist behutsam mit einem Metallkamm entfernt werden. Sehr fest sitzende Kletten lassen sich oft lockern, indem etwas Pflanzenöl in den betroffenen Bereich gerieben wird. Funktioniert dies nicht, schneiden Sie die Kletten vorsichtig mit einer Schere heraus.

Kaugummi: Legen Sie zunächst Eis auf den Kaugummi, damit er nicht mehr so klebt, und schneiden Sie ihn anschließend heraus. Es sind auch verschiedene Produkte im Handel, die das Entfernen von Kaugummi erleichtern.

Farbe: Handelt es sich um Farbe auf Wasserbasis, weichen Sie die Farbe mindestens 5 Minuten mit Wasser auf, bis sie geschmeidig wird. Dann reiben Sie das Fell zwischen den Fingern, um sie zu entfernen. Jede andere Farbe muss vorsichtig herausgeschnitten werden.

⚠ *ACHTUNG: Verwenden Sie zum Entfernen von Farbe niemals Farbverdünner, Terpentin, Waschbenzin oder andere Lösungsmittel.*

Stinktier: Es kommt hierzulande eher selten vor, doch sollte Ihre Katze von einem Stinktier besprizt werden, kann ein gründliches Bad in Tomatensaft sie von dem Geruch befreien. Setzen Sie die Katze für einige Minuten in eine mit Tomatensaft gefüllte Wanne. Dann spülen Sie den Saft ab und wiederholen die Prozedur. Möglicherweise sind mehrere Bäder (über mehrere Tage hinweg) erforderlich, bis der Geruch ganz verschwunden ist.

 **Teer:** Häufig muss das verschmutzte Fell herausgeschnitten werden, mitunter lässt sich der Teer aber auch mit Vaseline entfernen. Reiben Sie eine kleine Menge in den betroffenen Bereich und tupfen Sie dann den Teer mit einem sauberen Tuch auf. Wiederholen Sie dies so oft wie nötig. Baden Sie die Katze anschließend. Verwenden Sie dabei ein entfettendes Shampoo.

Katzenhaardownloads in der Wohnung

Katzenhaare auf den Möbeln oder in der Luft sind nicht nur ein ästhetisches Problem. Da ihnen meist starke Allergene aus dem Speichel der Katze anhaften (die beim Putzen auf sie gelangen), können sie auch Allergien und Asthma auslösen. Am besten packt man dieses Problem bei der Wurzel, indem man die Katze regelmäßig bürstet. Sollte es fortbestehen, gibt es folgende Möglichkeiten.

■ Tiersalons bieten Behandlungen an, durch die Haarausfall mittels Spezialbädern und gründlichem Bürsten für mehrere Wochen reduziert wird.

■ Bringen Sie z.B. an Wänden grobe Bürsten aus Rosshaar an, an denen Katzen gern entlangstreichen. Dabei bleiben lose Haare hängen.

■ Bevorzugt Ihre Katze einen bestimmten Stuhl oder Platz auf der Couch, legen Sie ein Stück Stoff darauf. Waschen Sie dieses stets separat.

■ Waschen Sie Kleidungsstücke, an denen sich Katzenhaare befinden, zusammen mit Trocknertüchern. Sie sorgen für einen besseren Abtransport der Haare in den Flusenfilter.

■ Besonders hartnäckige Haare lassen sich mit einem feuchten Handtuch von Teppichen und Polstermöbeln entfernen.

■ Kleidungsstücke können zur Beseitigung von Katzenhaaren auch mit Trocknertüchern abgerieben werden.

Haarballen

Beim Putzen kann die Katze große Mengen Haare verschlucken. Normalerweise passieren diese Haare den Verdauungstrakt und werden als Abfallprodukt eliminiert. Wenn die Katze aber zu viele Haare auf einmal verschluckt, werden sie möglicherweise als Haarballen wieder ausgewürgt. Langhaarkatzen leiden am häufigsten unter diesem Problem, einfach weil sie die meisten Haare haben. Doch alle Katzen können von Zeit zu Zeit Haarballen auswerfen. Am leichtesten lässt sich dieses unansehnliche Problem durch sorgfältige Fellpflege beheben (oder minimieren). Je mehr Haare dabei entfernt werden, desto weniger verschluckt die Katze. Zudem sind verschiedene Produkte auf Paraffin-Malz-Basis (als Pasten oder Snacks) im Handel, die wie ein mildes Abführmittel wirken und dazu beitragen, dass die Haare den Verdauungstrakt der Katze leichter passieren.

⚠ *ACHTUNG: Versucht Ihre Katze wiederholt, aber erfolglos, einen Haarballen auszuwürgen (und leidet sie zudem unter Verstopfung und Appetitlosigkeit), stecken möglicherweise Haare in Magen oder Dünndarm fest. Dies ist eine potentiell lebensgefährliche Funktionsstörung. Konsultieren Sie umgehend Ihren Service-Provider.*

⚠️ **WARNUNG:** Alle Modelle werfen ab und zu Haarballen aus.

HAARBALLEN:

1. Entstehen durch beim Putzen verschluckte Haare

2. Produktion kann durch spezielle Produkte …

3. … oder sorgfältige Fellpflege verhindert werden

4. Können als Abfall ausgeschieden …

5. … oder ausgewürgt werden

⚡ **VORSICHT:** Haarballen, die in Magen oder Dünndarm feststecken, können lebensbedrohlich sein. ☠️

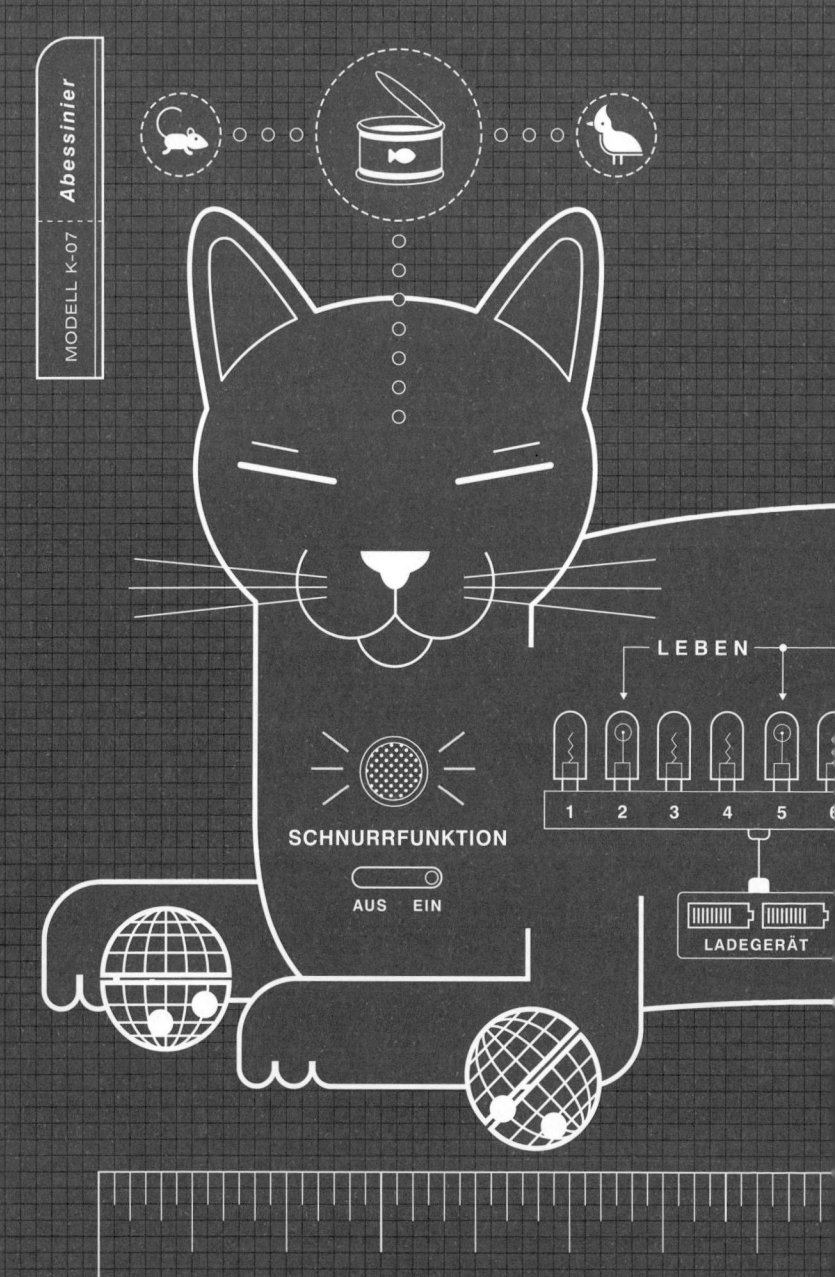

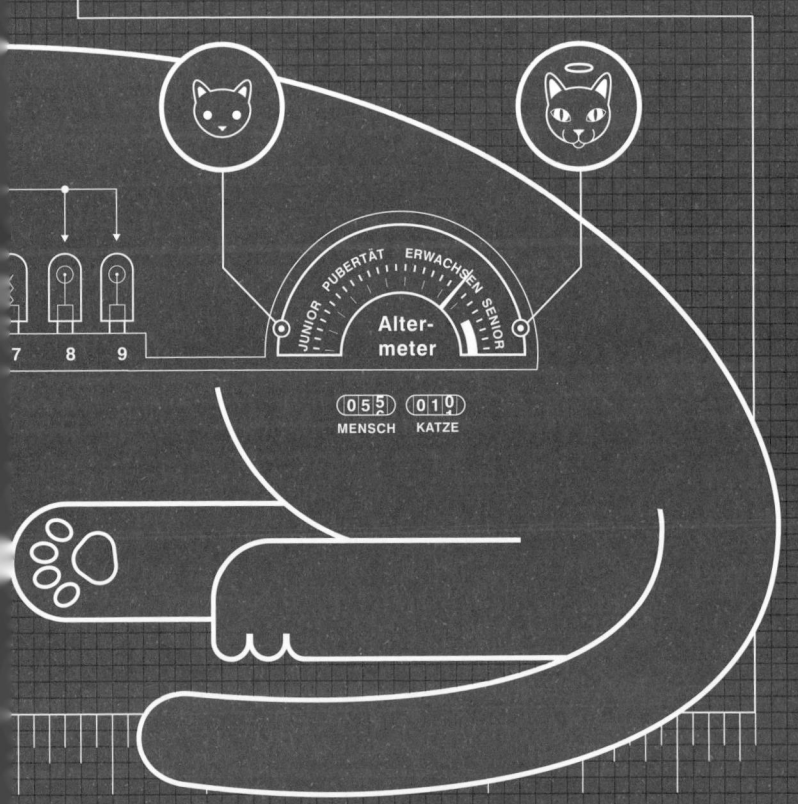

[Kapitel 7]

Wachstum und Entwicklung

JUNIOR PUBERTÄT ERWACHSEN SENIOR

Alter-meter

(0 5 5) (0 1 0)
MENSCH KATZE

7 8 9

Wachstumsstadien junger Katzen

Die Katze weist viele einzigartige Eigenschaften auf, die die meisten Verbraucherartikel nur selten oder gar nicht besitzen. Die meisten Produkte auf dem Markt können nur durch den Kauf und die Installation teurer Zusatzgeräte aufgerüstet werden, die Katze verfügt hingegen über die Fähigkeit, ihre kognitiven und mechanischen Kapazitäten selbst zu erhöhen. Am deutlichsten wird dies bei jungen Katzen, die sich innerhalb weniger Wochen von hochgradig abhängigen Einheiten zu voll ausgereiften Systemen entwickeln. Dieses Kapitel verschafft einen Überblick über diesen bemerkenswerten Prozess.

0 – 8 Wochen

Etwa zwei Drittel der Katzenjungen werden mit dem Kopf voran geboren, bei etwa einem Drittel erscheint zuerst der Schwanz. Neugeborene Katzen sind blind und taub, können nicht laufen und wiegen kaum mehr als 100 g. Ihre Augen öffnen sich im Alter von 10 – 12 Tagen, die Ohren nach 14 – 17 Tagen. Mit 16 – 20 Tagen beginnen Kätzchen zu krabbeln, mit 22 – 25 Tagen zu laufen und mit 4 – 5 Wochen zu rennen. Ab der dritten bis vierten Woche nehmen sie feste Nahrung zu sich.

Meilensteine der Entwicklung: Das Toilettentraining beginnt mit 3 – 4 Wochen. Gewöhnlich übernimmt diese Aufgabe die Mutter. Der User ist lediglich dafür zuständig, saubere, leicht zugängliche Schalen mit Einstreu bereitzustellen und darauf zu achten, dass das Training angenommen wird. Mit 4 – 5 Wochen beginnen sich Katzenkinder zu putzen und mit ihren Geschwistern zu spielen. Mit 6 – 8 Wochen fangen sie an, Jagdtechniken zu üben. Für die meisten dieser Downloads ist keine Eingabe des Users erforderlich.

Dies ist auch eine entscheidende Zeit für die Sozialisation. Ab dem Alter von zwei Wochen ist eine regelmäßige behutsame Bedienung hilfreich, damit sich die Kätzchen an Menschen gewöhnen. Dennoch sollten sie während dieser Wochen bei ihrer Mutter und ihren Geschwistern bleiben. Nur mit ihrer Hilfe kann ein Kätzchen lebensnotwendige Programme herunterladen.

⚠ *ACHTUNG: Eine Katzenmutter trägt ihre Jungen gelegentlich am Nackenfell gepackt herum. Versuchen Sie nicht, dieses Verhalten zu kopieren. Die Kätzchen könnten dabei verletzt werden.*

8 – 15 Wochen

Im Alter von etwa acht Wochen werden Kätzchen entwöhnt. Aber bereits in der dritten oder vierten Woche können ihnen kleine Mengen mit Wasser vermischtes Trockenfutter zugefüttert werden, wobei man die Flüssigkeitsmenge nach und nach reduzieren kann. Mit acht Wochen haben junge Kätzchen alle Milchzähne. Mit neun Wochen sollte die erste ärztliche Untersuchung und Impfung stattfinden. Mit etwa zwölf Wochen nehmen die Augen der Kätzchen ihre endgültige Farbe an. Im Alter von acht bis zehn Wochen können Katzenkinder von der Mutter getrennt werden und ein neues Zuhause bekommen. Der genaue Zeitpunkt hängt davon ab, wann sie von sich aus nur noch feste Nahrung zu sich nehmen.

Meilensteine der Entwicklung: Beim Spielen mit den Geschwistern lernen Kätzchen, dass es wichtig ist, die Krallen einzuziehen und nicht zu fest zuzubeißen.

⚠ *ACHTUNG: Nehmen Sie ungeimpfte Kätzchen nicht mit ins Freie, außer für einen Tierarztbesuch.*

15 Wochen bis Erwachsenenalter

Zwischen der 12. und 18. Woche erscheinen die zweiten Zähne. Die Kastration kann sowohl bei Weibchen als auch bei Männchen bereits ab dem Alter von 16 Wochen erfolgen. Weibchen erreichen ihr Erwachsenengewicht mit etwa zwölf Monaten, Kater mit etwa 15 Monaten.

Meilensteine der Entwicklung: Im Alter von sechs Monaten werden junge Katzen vollkommen unabhängig von der Mutter (sofern sie nicht schon vorher von ihr getrennt wurden).

Berechnen des Alters der Katze

Es ist ein verbreiteter Irrglaube, dass Katzen mit jedem Kalenderjahr sieben Jahre älter werden. Tatsächlich altern sie in den ersten beiden Lebensjahren erheblich rascher. Am Ende des ersten Lebensjahrs entspricht das Katzenalter der Katze etwa 15 Menschenjahren, mit Ende des zweiten Lebensjahrs 24. Danach wird eine Katze mit jedem Kalenderjahr um etwa vier »Katzenjahre« älter. Ein fünfjähriges Modell ist also etwa 36 Katzenjahre alt. Zudem muss berücksichtigt werden, dass im Freien lebende Katzen erheblich schneller altern als Wohnungskatzen, möglicherweise doppelt so schnell.

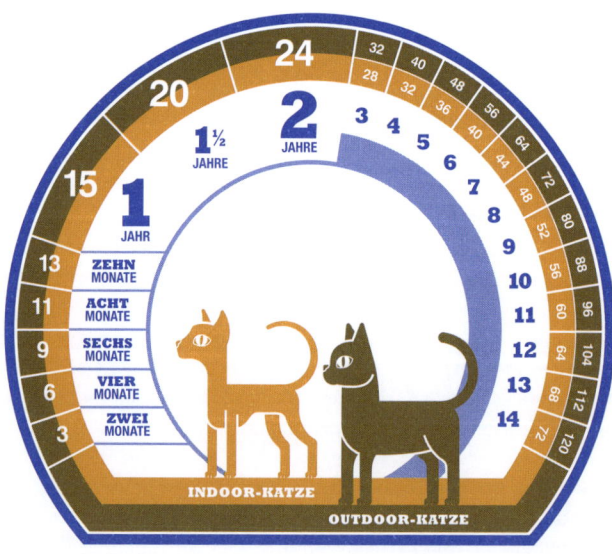

Energieversorgung junger Katzen

Junge Katzen haben einen gewaltigen Energiebedarf. Nach der Entwöhnung sollten sie hochwertiges Trockenfutter erhalten, das auf ihre besonderen Bedürfnisse zugeschnitten ist. Entsprechende Produkte enthalten etwa 35 % Protein in der Trockenmasse, 12 – 24 % Fett und etwa 25 % mehr Kalorien als Nahrung für erwachsene Tiere. Das Futter sollte mehrmals täglich gegeben werden. Ein- oder zweimal täglich kann der User Nassfutter zufüttern.

Kätzchen, die verschiedene Produkte bekommen, sind möglicherweise als erwachsene Tiere weniger heikel. Eine zu große Vielfalt kann jedoch zu Magenverstimmungen führen. Katzen erhalten Juniornahrung, bis sie neun Monate alt sind oder 80 – 90 % ihres vermutlichen Erwachsenengewichts (erfragen Sie es bei Ihrem Tierarzt) erreicht haben. Dann erfolgt nach und nach die Umstellung auf ein Erwachsenenprodukt. (Siehe »Kraftstoffumstellung«, Seite 123.) Vitamine oder andere Ergänzungsprodukte sollte eine junge Katze nur in Absprache mit dem Tierarzt bekommen. Sorgen Sie aber dafür, dass sie den ganzen Tag frisches Wasser zur Verfügung hat.

⚠️ *ACHTUNG: Da die Bedürfnisse junger Katzen bei der Ernährung sehr speziell sind, ist selbst zubereitetes Futter meist nicht empfehlenswert. Schon kleine Unausgewogenheiten können verheerende Folgen haben. Ein Taurinmangel z.B. kann zu Erblindung führen.*

Geschlechtsreife

Gewöhnlich sind Kater mit 10 – 14 Monaten geschlechtsreif, Weibchen mit 7 – 12 Monaten. Unkastrierte Kätzinnen werden gemeinhin dreimal oder öfter im Jahr rollig. In dieser Zeit sind sie für die Avancen von Männchen empfänglich und fortpflanzungsfähig. Möglicherweise signalisieren sie ihre Bereitschaft durch lautes, insistierendes Rufen. Andere Weibchen verhalten sich ruhig und möchten von ihren Besitzern einfach nur mehr Beachtung. Der User sollte seine Katze in diesen Phasen (etwa zwei Wochen) einsperren oder unter genaue Beobachtung stellen, da sie jeden intakten Kater in der Umgebung anlocken wird. Auch an vermeintlich sicheren Plätzen wie einer vergitterten Veranda sollte man sie nicht allein lassen, da einen entschlossenen Kater gewöhnlich nichts aufhalten kann.

Männliche Katzen haben keinen »Zyklus«. Sie können sich das ganze Jahr fortpflanzen und schreiten zur Tat, wann immer sie einem paarungsbereiten Weibchen begegnen. Die Geschlechtsreife eines Männchens manifestiert sich auch darin, dass es ständig unterwegs ist und sein Revier mit Urin markiert. (Siehe auch »Kastration«, unten.)

Kastration

Es ist die Pflicht jedes verantwortungsbewussten Tierhalters, seine Katze kastrieren zu lassen. Das ohnehin bestehende Überangebot an Katzen wird durch unkontrollierte Fortpflanzung noch vergrößert, und dies ist bei Katzen ein besonderes Problem, da sie sich in kürzester Zeit rasant vermehren können.

Möchten Sie also keine Zucht betreiben (was außer bei wertvollen reinrassigen Modellen nicht empfohlen werden kann), sollten Sie Ihr Tier kastrieren lassen, ehe es geschlechtsreif wird. Männchen werden dabei die Hoden entfernt, Weibchen die Eierstöcke. Ohne Kastration ist das Verhalten eines Katers (er markiert sein Revier mit Urin, prügelt sich mit anderen Männchen und ist pausenlos auf der Suche nach rolligen Weibchen) schwer erträglich. Durch die Kastration werden diese Unterprogramme gelöscht. Zudem haben kastrierte Kater weniger gesundheitliche Probleme.

Desgleichen bleiben vor der Pubertät kastrierte Weibchen von Funktionsstörungen wie Gebärmutter- und Eierstockkrebs verschont. Überdies werden sie nicht rollig. (Rolligkeit bedeutet für den User eine zweiwöchige Nervenprobe, die von Unsauberkeit und Geheul begleitet wird und mindestens dreimal im Jahr durchgestanden werden muss.)

VORTEILE DER KASTRATION

**VERHINDERT BEI MÄNNCHEN
WEITGEHEND ODER GANZ:**

1. Reviermarkierungen
2. Kämpfe mit anderen Katern
3. Suche nach Weibchen

**VERHINDERT BEI WEIBCHEN
WEITGEHEND ODER GANZ:**

4. Unsauberkeit
5. Geheul
6. Schwangerschaften
7. Gebärmutterkrebs
8. Eierstockkrebs

Alte Katzen

Sofern Katzen keine schweren Verletzungen erleiden oder krank werden, altern sie meist in großer Würde. In so großer Würde, dass ein ungeübter Betrachter vielleicht keinen Unterschied zwischen einer fünfzehnjährigen Katze und einem fünfjährigen Modell erkennen kann. Dennoch sind gewisse Abnutzungserscheinungen aufgrund von genetischen Faktoren und Umwelteinflüssen unvermeidlich.

Ab einem Alter von zehn Jahren gelten Katzen als Senioren. Aber ein fortgeschrittenes Alter bedeutet nicht eine endlose Serie von Funktionsstörungen. Zur Vorbeugung von Problemen ist es jedoch wichtig, Aussehen und Verhalten der Katze zu überwachen und zudem mit dem Tierarzt regelmäßige Inspektionen zu vereinbaren (einige Ärzte empfehlen bei älteren Katzen zwei Besuche pro Jahr). Ältere Katzen bewegen sich weniger und brauchen daher weniger Kalorien, andererseits machen weniger effiziente Stoffwechselprozesse hochwertigeren Kraftstoff erforderlich.

Häufige altersbedingte Funktionsstörungen

- Langsamer Verschleiß der akustischen Sensoren
- Verschlechterung des Nahsehvermögens (Weitsehvermögen bleibt oft unbeeinträchtigt)
- Darmträgheit und Verstopfung
- Nachlassen von Leber- und Nierenfunktion
- Weißwerden der Haare
- Langsamer Verlust von Gewicht und Muskelmasse
- Neigung zu Erkrankungen der Harnwege
- Zunehmende Stressanfälligkeit
- Wachsendes Schlafbedürfnis
- Langsame Verschlechterung von Mobilität und motorischen Fähigkeiten

Veralterung und Deaktivierung

Entgegen dem Volksglauben haben Katzen keine »neun Leben«. Doch die Betriebszeit einzelner Modelle ist mitunter recht beeindruckend, vor allem im Vergleich zu anderen Verbraucherartikeln. Korrekt gewartete Modelle bleiben oft 15 Jahre und länger in gutem Zustand. Aber obwohl Ihre Katze fast mit Gewissheit Ihr Auto, Ihren Fernseher und Ihren Computer überlebt, wird Ihnen die Zeit mit ihr möglicherweise erschreckend, wenn nicht herzzerreißend, kurz erscheinen.

Einen veralteten Computer oder ein anderes veraltetes Gerät kann man entsorgen und rasch vergessen, eine Katze hingegen nicht. Katzen haben nicht nur eine Nutzfunktion. Sie sind Gefährten, Freunde, Familienmitglieder. Und wenn die Zeit gekommen ist, sich von diesem Freund zu trennen, kann dies für den User eine sehr verunsichernde Erfahrung sein. Aber es ist auch die Zeit, in der er dem treuen Gefährten den größten Dienst erweisen kann.

Jede Situation ist anders, doch in den meisten Fällen gilt, dass man eine alte Katze so lange leben lassen sollte, wie sie bei relativ guter Gesundheit ist und keine starken chronischen Schmerzen hat. Zum Glück ist dies häufig beinahe bis zum Ende der Nutzungszeit der Fall. Eine alte Katze springt und spielt vielleicht nicht mehr so viel wie früher, doch ihre kognitiven und motorischen Fähigkeiten sind für ein halbautonomes Funktionieren noch mehr als ausreichend. Besser noch. Die Katze wird mit ihren abgeänderten Programmen vollkommen zufrieden sein. In der umfangreichen Software der Katze findet sich keine Entsprechung für die menschlichen Gefühle von Trauer und schmerzlicher Wehmut. Mit anderen Worten: Eine alte Katze macht sich keine Sorgen über Vergangenheit oder Zukunft. Sie lebt ausschließlich im Hier und Jetzt.

Diese Tatsache ist bei der Frage, wie man mit den letzten Tagen einer Katze umgeht, von großer Bedeutung. In einigen Fällen geht eine Katze zu einer Zeit und an einem Ort der eigenen Wahl vom Netz. Doch in Situationen, in denen ihre schlechte Gesundheit die Katze beeinträchtigt oder leiden lässt, muss der User für sie handeln. Eine Katze, die an einer tödlichen Krankheit leidet, kann z.B. häufig eine »Hospizpflege« erhalten, bei der der User (unter Anleitung des Tierarztes) die Schmerztherapie übernimmt. Sie hat nicht den Zweck, die (unbehandelbare) Ursache anzugehen, sondern Schmerzen zu lindern und der Katze das Sterben in der liebevollen häuslichen Umgebung zu ermöglichen.

Wenn bei einer Katze Schmerzen und Gebrechlichkeit die Freude am Leben zu überwiegen scheinen und es keine wirkliche Hoffnung auf Besserung gibt, sollte an Sterbehilfe gedacht werden. Sie kann in der Tierarztpraxis und mitunter auch zu Hause durchgeführt werden und ist absolut schmerzlos. Die Katze erhält eine Überdosis Betäubungsmittel, die sie fast sofort bewusstlos werden und sehr rasch sterben lässt.

Für den Besitzer kann es sehr schwer sein, mit der Deaktivierung seiner Katze zurechtzukommen. In manchen Fällen ist die Trauerzeit ebenso lang wie für einen verstorbenen Menschen. Daran ist nichts unnatürlich.

Sie können jedoch darauf vertrauen, dass die Zeit alle Wunden heilt und es letztlich nur die vielen glücklichen Erinnerungen sein werden, für die die Garantie nie ausläuft.

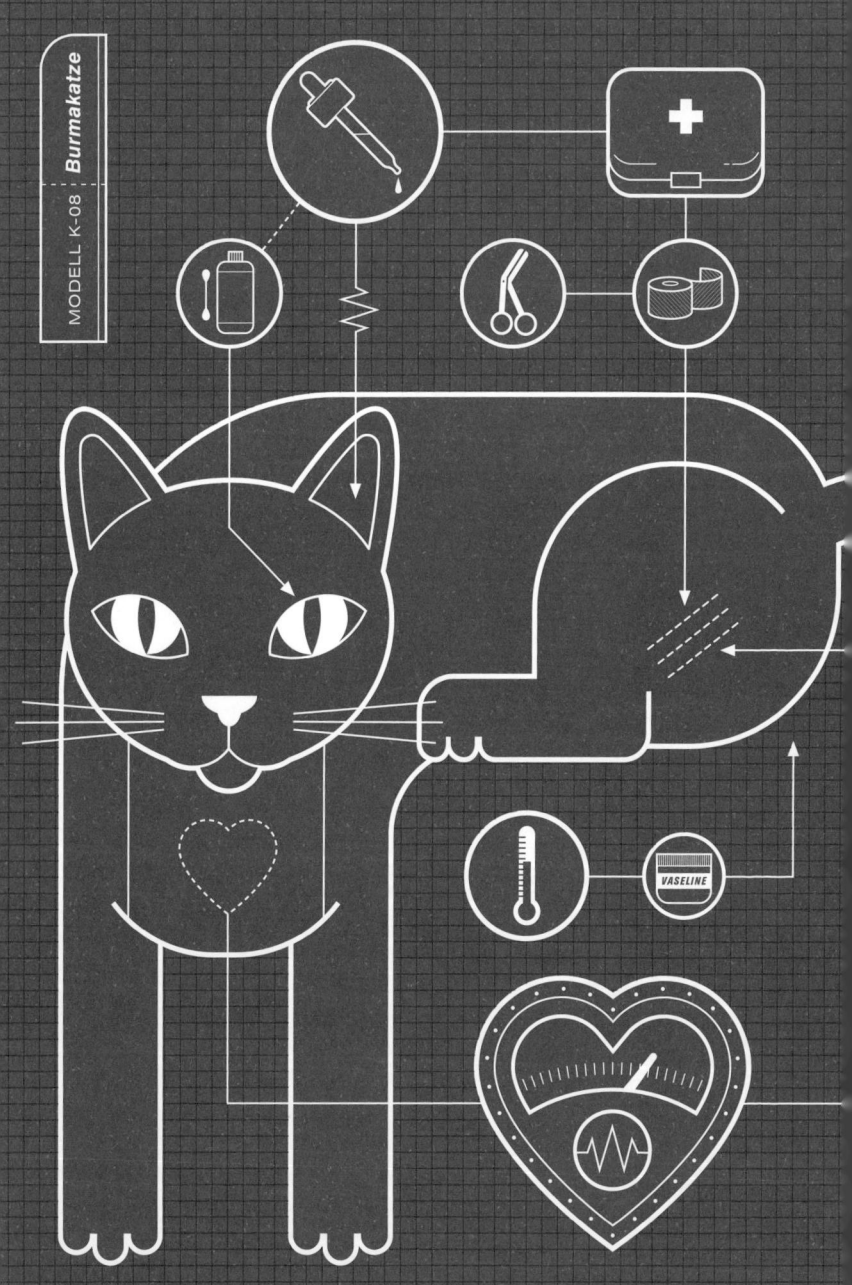

MODELL K-08 *Burmakatze*

VASELINE

Kapitel 8

Wartung und Instandhaltung

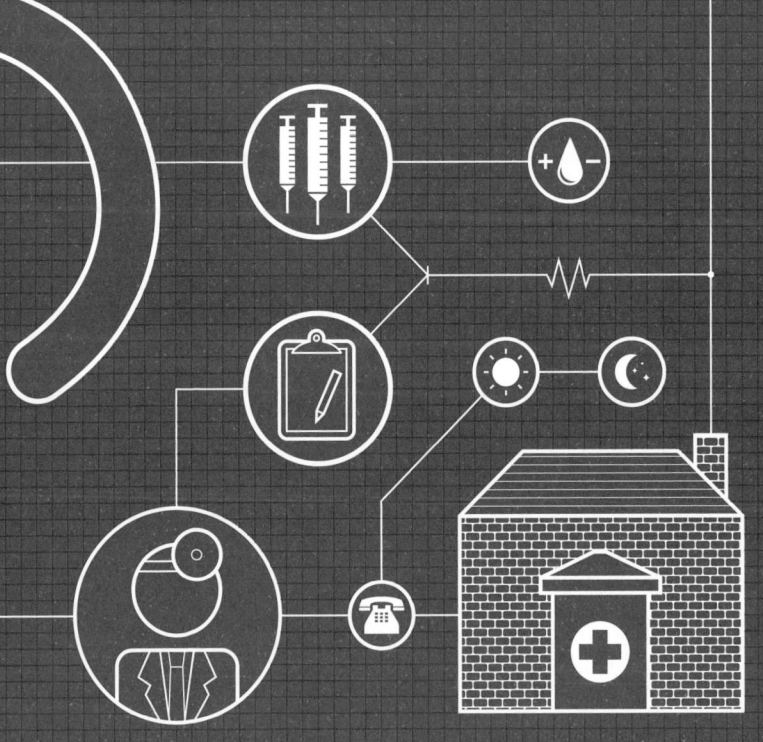

Katzenbesitzern steht eine gut entwickelte Infrastruktur von Service-anbietern und Hilfsdiensten zur Verfügung, wenn Störungen der Hard-ware und Software auftreten. Dieses Kapitel erklärt, wie Sie einen qua-lifizierten Service-Provider finden und richtig nutzen.

Auswählen eines Service-Providers

Eine der ersten und wichtigsten Aufgaben eines frischgebackenen Kat-zenbesitzers ist die Wahl des richtigen Tierarztes. Im Idealfall wird er Ihre Katze während ihres gesamten Lebens betreuen. Dadurch ist ge-währleistet, dass alle Behandlungen, Impfungen und Reaktionen auf spezielle Medikamente beim Provider dokumentiert sind und er die Be-sonderheiten der Software Ihrer Katze kennt. Diese Dinge werden sich bei kleineren Notfällen als hilfreich erweisen und bei größeren mögli-cherweise über Leben und Tod entscheiden. Hier einige Richtlinien für die Auswahl eines Service-Providers.

- Fragen Sie beim Erstellen einer Liste möglicher Kandidaten andere Kat-zenbesitzer um Rat.
- Vereinbaren Sie einen Termin mit den in Frage kommenden Tierärzten und sprechen Sie mit ihnen über die speziellen Bedürfnisse Ihrer Katze. Sie müssen sicher sein, dass Sie Vertrauen zu dem Arzt haben.
- Sehen Sie sich in der Praxis um. Ist sie sauber und riecht sie frisch? Wel-che Dienstleistungen werden angeboten und welche diagnostischen Gerä-te stehen zur Verfügung? Ist der Arzt in Notfällen außerhalb der Sprechzei-ten erreichbar?
- Treffen Sie eine strategisch kluge Wahl. Sind die Öffnungszeiten für Sie günstig? Ist die Praxis bequem erreichbar? Unpraktische Sprechzeiten und eine ungünstige Lage sind im besten Fall problematisch und im schlimmsten Fall lebensbedrohlich.

*⚠ **EXPERTENTIPP:** Vielleicht sollten Sie den Tierarzt bereits aussuchen, ehe Sie eine Katze anschaffen. Er kann Sie beraten, falls Sie unsicher sind, für welches Modell Sie sich entscheiden sollen und wo Sie es bekommen.*

Inspektionen zu Hause durchführen

User sollten ihre Modelle regelmäßig auf mögliche Gesundheitsproble-me hin überprüfen. Die beste Gelegenheit dafür bietet sich bei der In-standhaltung des Fells. Folgende Bauteile müssen kontrolliert werden.

Mund: Die Zähne sollten weiß und unbeschädigt und frei von Verfärbungen oder Zahnstein sein. Zahnfleisch, Zunge und Schleimhäute sollten gleich-mäßig rosa und nicht geschwollen oder gereizt sein. Der Atem der Katze kann etwas »fischig« riechen, darf aber nicht stinken.

Nase: Die Nase sollte frei von Ausfluss, die Atmung regelmäßig sein. Stän-diges Niesen ist möglicherweise ein Hinweis auf eine Funktionsstörung.

Augen: Eine gesunde Katze hat klare Augen, die weder hervortreten noch rot oder gereizt sind. Die Nickhaut in den inneren Augenwinkeln darf prak-tisch nicht sichtbar sein. Eine sichtbare Nickhaut ist ein Anzeichen für eine Erkrankung, häufig für Bandwurmbefall.

Output-Port: Achten Sie darauf, dass dieser Bereich sauber und trocken ist und keine Schwellungen oder Quaddeln aufweist.

Ohren: Die Ohren sollten innen sauber, unempfindlich und frei von Geruch oder dunklen Absonderungen sein. Die Katze sollte nicht ständig die Ohren kratzen oder ihren Kopf schütteln.

INSPEKTIONEN ZU HAUSE DURCHFÜHREN

GESUNDES MODELL

1. Saubere, weiße Zähne, rosa Zahnfleisch (außer es ist schwarz pigmentiert)
2. Klare Augen
3. Innen rosa, keine Absonderungen
4. Gleichmäßiges, glänzendes Fell, kein Flohkot, keine Hautreizungen
5. Sauberer Output-Port
6. Saubere Pfoten
7. Korrektes Gewicht

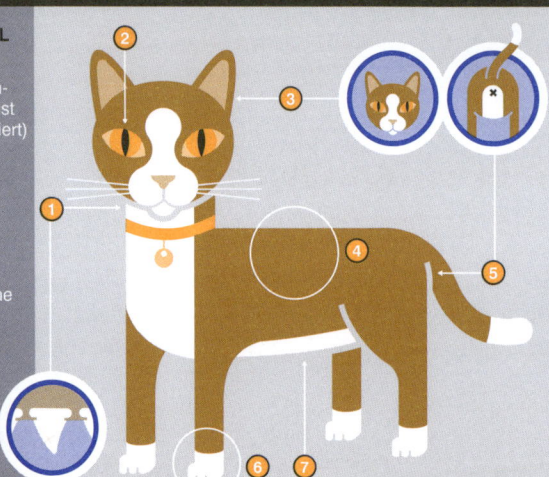

KRANKES MODELL

1. Absonderungen, Empfindlichkeit, Juckreiz
2. Absonderungen, Schielen, Reizungen, Trübung
3. Schlechter Atem
4. Schmutziger Output-Port
5. Kahle Stellen
6. Flohkot
7. Starker Haarausfall
8. Über- oder Untergewicht
9. Rissige Pfoten

Brustkorb: Falls Sie die Rippen der Katze nicht fühlen können, hat sie möglicherweise Übergewicht. Sollten die Rippen herausstehen, kann sie untergewichtig sein. Ein Gewichtsverlust oder eine Gewichtszunahme von 250 g innerhalb einer Woche ist ein Grund für einen Tierarztbesuch.

Pfoten: Prüfen Sie das Aussehen der Krallen und vergewissern Sie sich, dass die Zehenballen sauber, nicht rissig und auch sonst in gutem Zustand sind.

Haut: Fahren Sie mit den Fingern über den Körper der Katze. Achten Sie auf Reizungen, Verdickungen oder Stellen, an denen die Katze empfindlich reagiert. Inspizieren Sie die Haut mit einem Kamm auch auf Flohkot, der ähnlich wie Pfeffer aussieht. Die Haut sollte frei von Geruch, Fett, Schorf, Schuppen und Reizungen sein.

Fell: Untersuchen Sie das Fell auf kahle Stellen, Glanzlosigkeit und/oder übermäßigen Haarausfall. Sollte Ihre Katze sich nicht mehr putzen, kontaktieren Sie Ihren Service-Provider. Dies ist häufig ein Hinweis auf eine Funktionsstörung.

⚠️ *EXPERTENTIPP: Katzen haben ein Unterprogramm, durch das sie Schmerzen und Unwohlsein gut verbergen können. Deshalb ist es oft schwierig, sich ein genaues Bild von ihrem Gesundheitszustand zu machen. Beobachten Sie das normale Verhalten Ihrer Katze genau – etwa wie sie läuft oder sich Ihnen gegenüber verhält. Dies ist eine gute Basis, um verdächtige Veränderungen festzustellen.*

Besuche beim Service-Provider

Mit Ausnahme von Notfällen sind während des ersten Lebensjahrs der Katze meist drei Besuche beim Tierarzt erforderlich, danach jährliche Besuche. Nachfolgend finden Sie Richtlinien dafür, wann Sie Ihre Katze voraussichtlich zum Service bringen müssen und welche Leistungen Sie von Ihrem Provider erwarten können. Im Idealfall erfolgt der erste Besuch mit einer jungen Katze, noch ehe sie bei Ihnen einzieht. Folgebesuche sollten mit dem Service-Provider abgesprochen werden.

Erster Besuch (8–12 Wochen)

- allgemeine Untersuchung
- Katze auf Parasiten (Würmer, Flöhe, Ohrmilben) überprüfen
- Katze entwurmen
- Katze auf Leukose und Katzen-Aids testen
- besprechen, welche Impfungen durchgeführt werden sollten und wann
- je nach Jahreszeit und Haltung mit Floh- und Zeckenprophylaxe beginnen
- evtl. Fragen zur Instandhaltung der Katze (Fellpflege, Fütterung, Toilettenroutine usw.) abklären

Zweiter Besuch (11–15 Wochen)

- allgemeine Untersuchung
- Katze entwurmen
- Katze auf Parasiten überprüfen
- empfohlene Impfungen durchführen
- ggf. Probleme im Verhalten der Katze besprechen

Dritter Besuch (14–17 Wochen)

- allgemeine Untersuchung
- Katze entwurmen
- Katze auf Parasiten überprüfen
- Zeitpunkt für Kastration besprechen und Termin vereinbaren
- empfohlene Impfungen durchführen
- ggf. Probleme im Verhalten der Katze besprechen
- Umstellung auf Nahrung für erwachsene Katzen besprechen

Jährliche Besuche

- allgemeine Untersuchung
- Impfungen auffrischen
- Katze (falls notwendig) entwurmen
- bei älteren Katzen (ab 6 oder 7 Jahre) Gesundheitstest durchführen, um Funktion von Nieren, Leber und anderen Organen und Blutzuckerspiegel zu prüfen, Fütterung besprechen
- freilaufende Katze auf Leukose und Katzen-Aids testen

Hardwarefehler

Im Laufe des Lebens treten bei der durchschnittlichen Katze eine Reihe mechanischer Störungen auf, von denen sich die meisten rasch von selbst wieder geben werden. Falls Symptome jedoch nach 24 Stunden noch nicht verschwunden oder schlimmer geworden sind, sollten Sie professionelle Hilfe in Erwägung ziehen. Machen Sie sich (und ggf. andere Familienmitglieder) mit den nachfolgend beschriebenen verbreiteten Funktionsstörungen vertraut. Tun Sie dies im Voraus, denn bei einem tatsächlichen Notfall werden Sie vermutlich keine Zeit haben, Informationsmaterial zu suchen und zu Rate zu ziehen.

Appetitlosigkeit: Kann viele Ursachen haben, die von Unzufriedenheit mit dem Futter über Infektionskrankheiten bis hin zu starken Schmerzen reichen. Prüfen Sie zuerst, ob sich an der Fütterungsroutine der Katze etwas geändert hat (Futter, Näpfe, Futterstelle). Besteht das Problem länger als 24 Stunden, konsultieren Sie Ihren Service-Provider.

Atemwegsbeschwerden: Anhaltende Atemwegsbeschwerden (Husten, Niesen, schwere Atmung usw.) können Symptom für Krankheiten von einer Lungenentzündung bis hin zu schweren allergischen Reaktionen sein. Begeben Sie sich umgehend zum Tierarzt.

Augensekretion: Eine gewisse Menge Sekret ist (vor allem bei Langhaarmodellen) normal. Über starke und/oder verfärbte Absonderungen sollte der Service-Provider informiert werden, ebenso über alle anderen Augenprobleme (Rötungen, Schwellungen, Reizungen usw.). Verletzungen (Fremdkörper, Kratzer) erfordern sofortige professionelle Hilfe.

Blutungen: Oberflächliche Schnittwunden oder Kratzer können zu Hause versorgt werden. Stichwunden oder tiefere Verletzungen (vor allem solche, die von einer anderen Katze verursacht wurden) müssen sofort vom Tierarzt behandelt werden, ebenso anhaltende Blutungen aus Körperöffnungen. Gelegentliche leichte Blutungen beim Stuhlabsetzen sind gewöhnlich kein ernstes Problem. Findet sich aber fortgesetzt Blut im Stuhl oder Blut im Urin, sollte dies umgehend untersucht werden.

Durchfall: Kurzzeitiger Durchfall kann harmlose Ursachen haben wie etwa ungewohntes Futter. Hält Durchfall aber länger als 24 Stunden an, kontaktieren Sie Ihren Service-Provider, da er zu Austrocknung führen kann.

Erbrechen: Alle Katzen erbrechen gelegentlich. Sollte das Erbrechen aber regelmäßig erfolgen, nicht unmittelbar nach Mahlzeiten stattfinden oder nicht offensichtlich auf Haarballen zurückzuführen sein, konsultieren Sie Ihren Service-Provider. Ebenso, wenn die Katze Schmerzen zu haben scheint, sich erfolglos zu erbrechen versucht oder sich Blut im Erbrochenen befindet.

Fieber: Die Temperatur einer normalen Katze liegt bei etwa 38,5° C. Sollte die Temperatur Ihrer Katze unter 37° C oder über 39,5° C liegen, kontaktieren Sie Ihren Tierarzt. (Siehe »Messen der Kerntemperatur«, Seite 171.)

Gewichtsverlust: Es wird empfohlen, die Katze jede Woche zu wiegen, damit plötzliche Gewichtsveränderungen nicht unbemerkt bleiben. Eine Katze, die plötzlich stark abnimmt (250 g in einer Woche), muss sofort zum Tierarzt. Rascher Gewichtsverlust ist häufig ein Symptom für eine andere Funktionsstörung, kann aber auch ein eigenständiges Problem sein und zur Schädigung innerer Organe führen. (Siehe »Wiegen der Katze«, Seite 120.)

Harnlassen (fehlerhaftes): Stress kann die Ursache dafür sein, dass Katzen die Toilette »verfehlen«. Möglicherweise ist dies aber auch ein Symptom für eine schwere Erkrankung – vor allem, wenn es nicht nur einmal passiert. Urinieren unkastrierte Kater abseits der Toilette, markieren sie vielleicht ihr Revier.

Harnlassen (schmerzhaftes): Probleme beim Wasserlassen gehören zu den wichtigsten Symptomen für eine Infektion oder Blockade der Harnwege. Suchen Sie umgehend Ihren Tierarzt auf.

Harnlassen (Unvermögen): Kontaktieren Sie umgehend Ihren Service-Provider. Dies kann ein Hinweis auf eine gefährliche akute Funktionsstörung sein wie eine Blockade der Harnwege oder Nierenversagen.

Hautreizungen: Schorf, Rötungen, starker Juckreiz oder lokal begrenzter Haarausfall sollten vom Tierarzt untersucht werden.

Hinken: Hinkt Ihre Katze länger als ein bis zwei Stunden, konsultieren Sie Ihren Service-Provider. Jede Veränderung in den Bewegungen einer Katze (wenn sie langsamer geht, plötzlich nicht mehr springt, anders läuft usw.) sollte beobachtet und bei Fortbestehen dem Fachmann vorgeführt werden.

Kollaps: Sollte Ihre Katze umfallen und nicht mehr aufstehen können, muss sie sofort zum Tierarzt. Versuchen Sie sich zu erinnern, was direkt vor dem Kollaps geschah. Möglicherweise findet sich dann die Ursache leichter.

Krämpfe: Können ein Hinweis auf eine Vielzahl von Funktionsstörungen sein, von Vergiftungen bis hin zu schweren Kopfverletzungen. Bleiben Sie während des Anfalls bei der Katze und achten Sie darauf, wie lange er dauert. Sobald er vorbei ist, suchen Sie Ihren Tierarzt auf. Dauert der Krampf länger als 5 Minuten, bringen Sie das Tier sofort in die Praxis. Zur Vermeidung von Verletzungen beim Transport der Katze sollten Sie schützende Kleidung (lange Ärmel, Handschuhe) tragen. Versuchen Sie sich zu erinnern, was direkt vor dem Anfall geschah. Dies kann bei der Ursachenfindung hilfreich sein.

Ohrensekretion: Gesunde Katzen produzieren kleine Mengen Ohrenschmalz. Sollte der Output überhandnehmen, eine andere Farbe bekommen oder zu riechen beginnen, konsultieren Sie Ihren Service-Provider. Das Gleiche gilt, wenn die Katze immer wieder ihren Kopf schüttelt oder sich ständig die Ohren kratzt.

Putzen, unterlassenes: Bei Katzen ist Putzen fester Bestandteil des Betriebssystems. Eine Katze, die es unterlässt, hat fast immer ein Problem. Sollte Ihre Katze sich über längere Zeit nicht putzen, suchen Sie professionellen Rat.

Schmerzen: Sollte Ihr Tier offensichtlich Schmerzen haben, suchen Sie umgehend medizinische Hilfe. Katzen können Schmerzen ausgezeichnet verbergen. Wenn ihnen dies nicht mehr gelingt, liegt vermutlich eine schwere Funktionsstörung vor.

Verstopfung: Strengt Ihre Katze sich offensichtlich erfolglos an, Kot abzusetzen, kontaktieren Sie umgehend den Tierarzt. Dies kann auf eine lebensgefährliche Erkrankung wie einen Darmverschluss hinweisen. Beobachten Sie das Tier genau, da das Unvermögen Harn zu lassen oft mit Verstopfung verwechselt wird.

Wasseraufnahme, übermäßige: Dies kann ein Anzeichen für Diabetes (tritt bei übergewichtigen Katzen häufig auf) oder eine Nierenfunktionsstörung sein.

Zahnfleischverfärbungen: Rosa Zahnfleisch zeigt eine normale Sauerstoffversorgung des Gewebes an. Blasses, weißes, blaues oder gelbes Zahnfleisch erfordert eine tierärztliche Untersuchung. Möchten Sie feststellen, wie gut das Zahnfleisch Ihrer Katze durchblutet ist, drücken Sie kurz darauf. Im Idealfall färbt sich die Stelle nach ein bis zwei Sekunden wieder rosa. Dauert dies weniger als eine oder mehr als drei Sekunden, kann eine behandlungsbedürftige Erkrankung vorliegen.

Zittern: Kann vielfältige Ursachen von neurologischen Erkrankungen bis hin zu Fieber haben. Konsultieren Sie sofort Ihren Service-Provider.

Zusammenstellen einer Erste-Hilfe-Box

In der Regel sollten Katzen mit gesundheitlichen Beschwerden dem Tierarzt vorgestellt werden. Mit der folgenden Ausstattung können Sie jedoch kleinere Probleme selbst behandeln und in einigen Fällen den Zustand der Katze vor dem Transport zum Fachmann stabilisieren. Bewahren Sie alle Utensilien in einem Behälter auf (ein kleiner Werkzeugkasten aus Kunststoff eignet sich ideal). Deponieren Sie diesen an einem leicht zugänglichen Platz. Legen Sie auch einen Zettel mit Namen und Telefonnummer Ihres Tierarztes und der Telefonnummer der nächsten Notfallklinik hinein.

- Verbandwatte und Wattebäusche
- Mullkompressen und Mullverband
- dicke Handschuhe
- Schere
- Augenbad (Null-Lösung)
- Eingabespritzen
- großes Handtuch
- Untersuchungshandschuhe
- Fixierpflaster
- Eispackung
- Jod-PVP (Braunöl)
- Thermometer (vorzugsweise ein Digitalthermometer)
- evtl. Tablettenapplikator

Sie können auch die medizinischen Unterlagen Ihrer Katze beim Erste-Hilfe-Kasten aufbewahren. Der Ordner sollte alle wichtigen Informationen über die Gesundheit Ihrer Katze enthalten, darunter:

- Impfpass der Katze mit Informationen über alle Impfstoffe und dem Datum, wann sie verabreicht wurden
- Liste mit in der Vergangenheit verabreichten Medikamenten
- aktuell verabreichte Medikamente wie etwa Mittel gegen Flöhe
- Ergebnisse von Bluttests (mit Datum)
- Tierarztrechnungen und, wenn möglich, Untersuchungsergebnisse (sie dokumentieren frühere Erkrankungen und Behandlungsweisen)

⚠ **ACHTUNG:** *Geben Sie der Katze niemals Medikamente, die für Menschen entwickelt wurden, außer der Tierarzt ordnet dies an. Selbst geringe Dosen gebräuchlicher rezeptfreier Mittel können zu schweren Funktionsstörungen und/oder zu einem kompletten Systemabsturz führen. (Siehe »Gifte«, Seite 179.)*

Verabreichen von Ohrentropfen

Die Ohren der Katze sind besonders empfindlich – vor allem dann, wenn sie unter einer schmerzhaften Infektion leidet, die behandelt werden muss. Gehen Sie beim Eingeben von Medikamenten in den Gehörgang wie unten beschrieben vor. Machen Sie sich auf Widerstand gefasst.

[**1**] Legen Sie das Medikament griffbereit. Ist zu erwarten, dass die Katze sich heftig wehren wird, wickeln Sie sie in ein Handtuch. Ziehen Sie eventuell einen Helfer hinzu.

[**2**] Setzen Sie das Tier auf Ihren Schoß. Halten Sie es gut fest.

[**3**] Halten Sie die Ohrspitze mit Daumen und Zeigefinger der nicht dominanten Hand fest. Geben Sie mit Ihrer dominanten Hand die erforderliche Menge des Mittels in das erste Ohr (Abb. A).

[**4**] Halten Sie das Ohr weiter fest (Abb. B) und massieren Sie mit der anderen Hand die Basis des Ohrs, um die Tropfen zu verteilen.

[**5**] Wiederholen Sie die Prozedur am anderen Ohr.

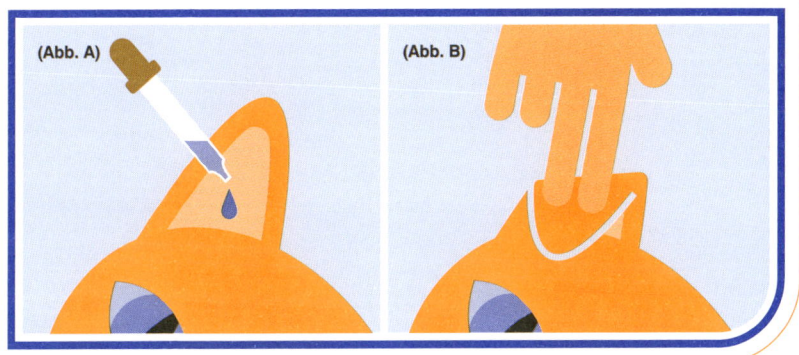
(Abb. A) (Abb. B)

Verabreichen von Tabletten

Müssen Sie Ihrer Katze regelmäßig Tabletten verabreichen, sollten Sie eventuell in einen Tablettenapplikator investieren. Er besteht aus einem langen Kunststoffröhrchen mit einem Kolben am Ende. Mit ihm können Sie Tabletten direkt in das Maul der Katze »schießen«. Sollten Sie keinen Tablettenapplikator besitzen, gehen Sie wie unten beschrieben vor. Aber Vorsicht: Manche Katzen protestieren energisch gegen diese Prozedur. Zur Vorbeugung von Verletzungen wickeln Sie die Katze in ein Handtuch und halten Sie sie gut fest.

[1] Legen Sie die Tablette griffbereit.

[2] Knien Sie sich mit der Katze zwischen den Beinen auf den Boden (Abb. A).

[3] Halten Sie die Katze mit Ihrer nicht dominanten Hand oben am Kopf fest. Richten Sie ihre Nase zur Decke. Dabei sollte sich ihr Maul öffnen (Abb. B).

[4] Drücken Sie mit Daumen und Mittelfinger Ihrer nicht dominanten Hand behutsam die Kiefer auseinander.

[5] Lassen Sie mit Ihrer dominanten Hand die Tablette in den Rachen der Katze fallen, möglichst hinter die Zunge (Abb. C).

[6] Schließen Sie mit Ihrer nicht dominanten Hand das Maul der Katze behutsam, aber fest.

[7] Massieren Sie sofort Kehle und Unterseite des Unterkiefers der Katze, um sicherzustellen, dass sie schluckt. Auch wenn Sie ihr auf die Nase pusten, wird sie unwillkürlich schlucken (Abb. D).

VERABREICHEN VON TABLETTEN

(Abb. A)

(Abb. B)

(Abb. C)

(Abb. D)

[8] Lassen Sie das Tier los, loben Sie es und geben Sie ihm eventuell einen Leckerbissen. Achten Sie darauf, dass es die Tablette nicht wieder herauswürgt.

⚠ *EXPERTENTIPP: Sorgen Sie dafür, dass Sie immer ein paar mehr Tabletten vom Tierarzt bekommen, als Sie eigentlich brauchen. Möglicherweise werden Sie während der Verabreichung einige Verluste hinnehmen müssen. Erfahrene Katzen spucken Tabletten gelegentlich auch wieder aus.*

Injektionen

Interessanterweise protestieren viele Katzen gegen Injektionen weit weniger energisch als gegen Tabletten. Vielleicht, weil sie Schmerzen erheblich leichter ertragen als eine Verletzung ihrer Würde. Häufig sitzt eine Katze, die sich gegen Tabletten wehrt und spuckt, bei einer subkutan (unter die Haut) verabreichten Injektion ganz ruhig da.

Messen der Herzfrequenz

Der Puls einer normalen Katze liegt zwischen 120 und 220 Schlägen pro Minute. Sollte er höher oder niedriger (oder unregelmäßig) sein, kontaktieren Sie sofort Ihren Tierarzt.

[1] Ermuntern Sie die Katze, sich auf die rechte Seite zu legen.

[2] Legen Sie eine Hand auf ihre linke Seite. Versuchen Sie beginnend hinter dem Vorderbein den Puls zu ertasten.

[3] Zählen Sie 15 Sekunden lang die Herzschläge.

[4] Nehmen Sie die Zahl mal vier, um die Herzschläge pro Minute zu errechnen.

Messen der Kerntemperatur

Verwenden Sie ein Digitalthermometer. Ohrenthermometer sind für Katzen aufgrund der Bauweise ihrer Gehörgänge ungeeignet.

[**1**] Stellen Sie einen Helfer an, der die Katze festhält (Abb. A). Wickeln Sie die Katze zur Sicherheit in ein Handtuch (der Output-Port muss natürlich frei bleiben).

[**2**] Tragen Sie auf der Spitze des Thermometers Vaseline oder ein ähnliches Gleitmittel auf (Abb. B).

[**3**] Führen Sie das Thermometer etwa 2,5 cm tief in das Rektum ein (Abb. C). Halten Sie es in dieser Position, bis es piepst.

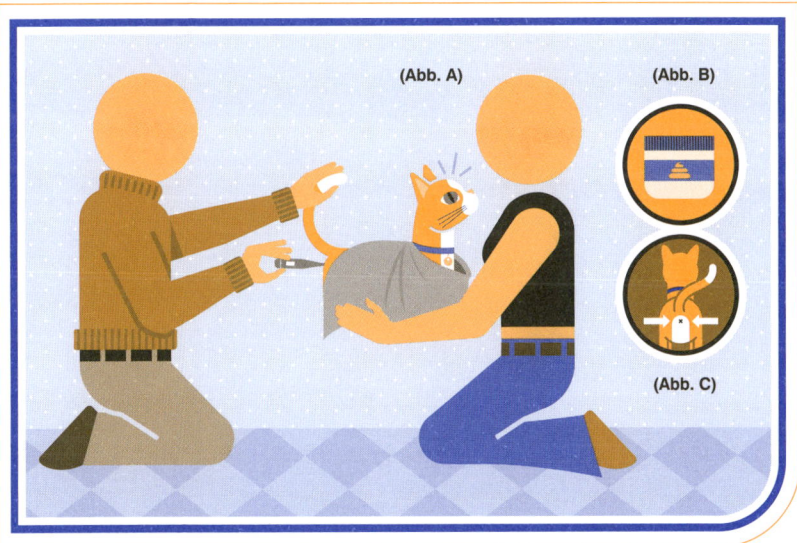

(Abb. A) (Abb. B) (Abb. C)

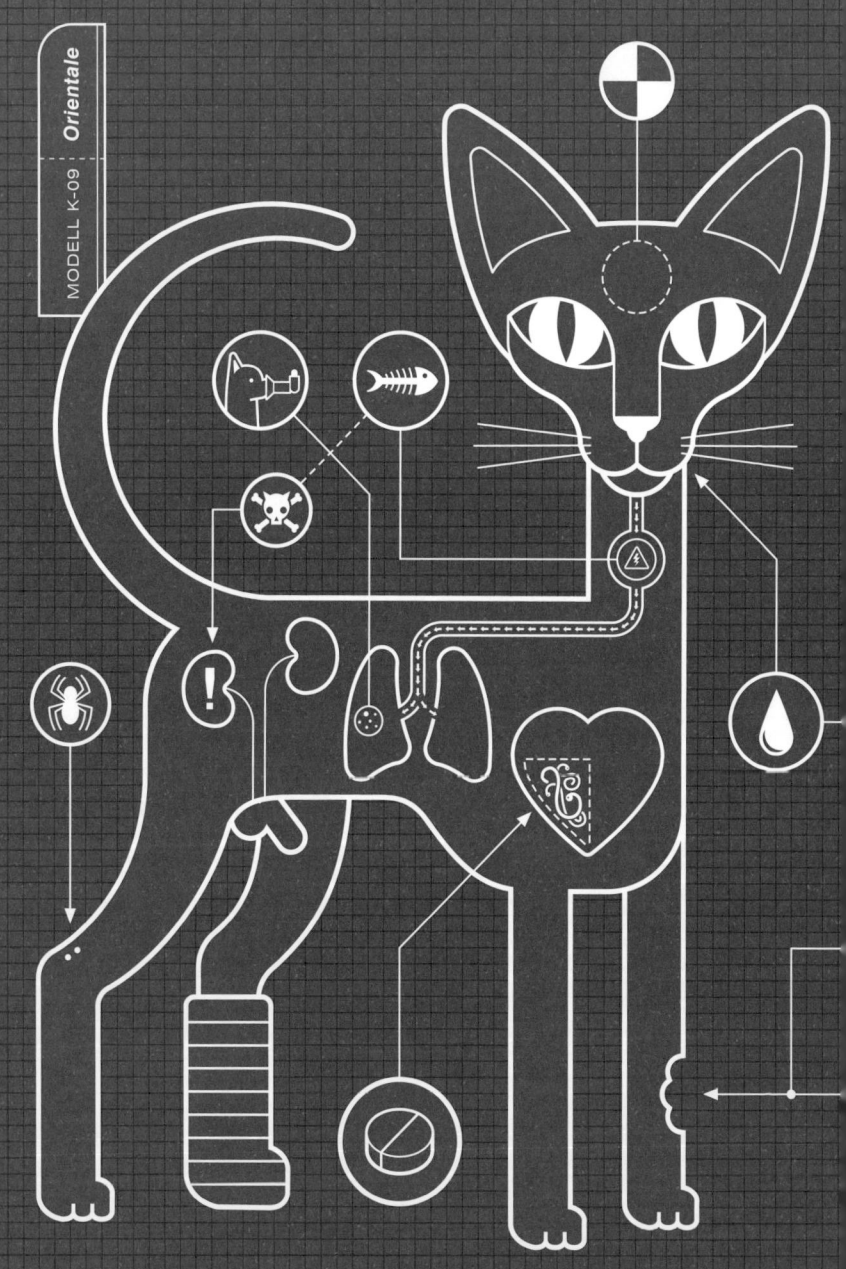

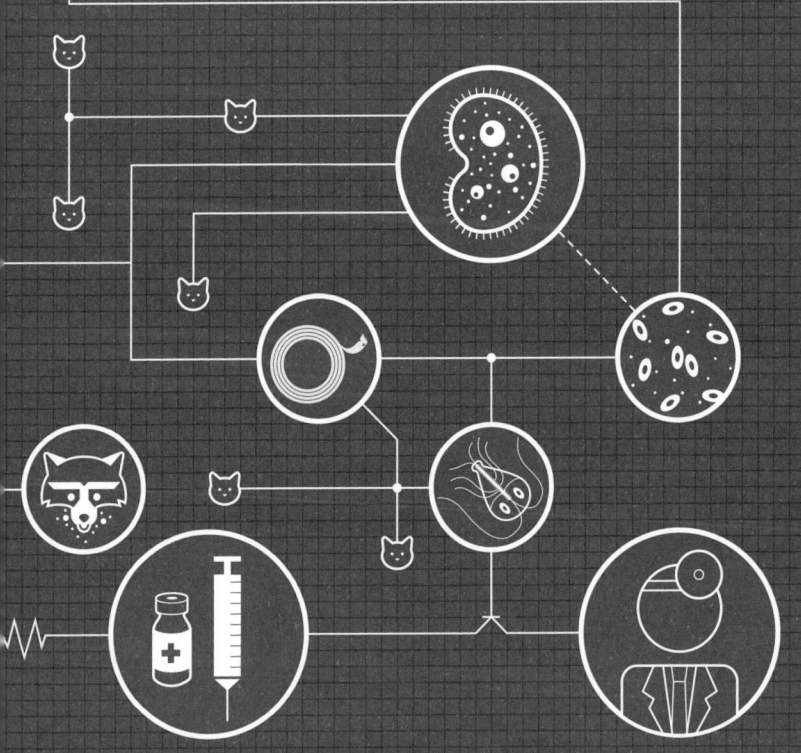

Kapitel 9

Notfall-
versorgung

Ansteckende Krankheiten

Für viele dieser Krankheiten gibt es heute Impfstoffe. Welche Impfungen die Katze erhalten sollte, hängt davon ab, wie stark sie gefährdet ist. Ihr Tierarzt wird Sie beraten. Krankheiten, für die es keine Heilung gibt, kann am besten vorgebeugt werden, indem man die Katze nicht ins Freie lässt und so von möglicherweise infizierten Tieren fernhält. Aber auch reine Wohnungskatzen müssen geimpft werden, da ihre Besitzer und nicht autorisierte Ausflüge sie mit gefährlichen Krankheiten infizieren können. Ein Kreuz (✚) vor dem Namen einer Krankheit bedeutet, dass sofort der Tierarzt aufgesucht werden muss. Ein Totenschädel (☠) kennzeichnet Erkrankungen, die potentiell tödlich sind.

✚ ☠ **Asthma:** Obwohl dies keine ansteckende Krankheit ist, kann Asthma zu jedem Zeitpunkt im Leben einer Katze plötzlich auftreten. Verbreitete Symptome sind Atembeschwerden, die mit pfeifendem Atem und Husten einhergehen. Schwere und Dauer der Symptome sind bei den einzelnen Modellen unterschiedlich. Wie bei Menschen kann die Krankheit mit Medikamenten behandelt, aber nicht geheilt werden.

✚ ☠ **Calcivirus-Infektion:** Die Krankheit wird durch Speichel und Sekretionen der Atemwege übertragen. Sie ruft grippeähnliche Symptome hervor und verläuft bei jungen Katzen manchmal tödlich. Katzen, die die Krankheit einmal hatten, können jahrelang Überträger bleiben. Es gibt einen Impfstoff, der die Krankheit verhindert oder zumindest die Schwere der Symptome lindert.

✚ **Chlamydien-Infektion:** verbreitete Atemwegsinfektion, die mit Konjunktivitis einhergeht.

✚ ☠ **Katzen-Aids:** wird durch das feline Immunschwächevirus hervorgerufen und entspricht der Aids-Erkrankung bei Menschen. Das Virus greift das Immunsystem an, wodurch die Katze für Krebs, Virus- und Bakterieninfektionen und andere opportunistische Infektionen anfällig wird. Eine Heilung ist nicht möglich. Infizierte Modelle können viele Jahre gesund bleiben, sollten aber möglicherweise keinen Kontakt mit anderen Katzen haben (fragen Sie den Tierarzt). Gesundheitliche Probleme müssen konsequent behandelt werden, sobald sie auftreten. Katzen-Aids ist nicht auf Menschen übertragbar.

✚ 😺 **Infektiöse Peritonitis (Bauchfellentzündung):** stets tödlich verlaufende Krankheit. Sie wird durch Körperkontakt mit infizierten Tieren bzw. durch Kontakt mit ihren Fressnäpfen, ihrer Einstreu oder ihren Schlafplätzen übertragen. Ursache ist ein Stamm von Coronaviren, die in anderer Form bei jungen Katzen leichtere Erkrankungen auslösen. Leider lässt sich durch Tests nicht feststellen, ob eine Katze mit einem milderen oder dem tödlichen Coronavirus infiziert ist. Viele Katzen, die mit dem Virus infiziert sind, erkranken nie, können es aber übertragen. Ein Ausbruch der Krankheit führt zu weiteren Problemen, die bis zu Herz- und Hirnerkrankungen reichen. Eine Impfung ist möglich, aber von zweifelhaftem Nutzen. Die wirksamste Vorbeugung besteht darin, das Tier von fremden Umgebungen mit vielen Katzen fernzuhalten.

✚ 😺 **Katzenleukose:** Diese Krankheit ist sehr gefährlich, da sie zur Entstehung von Krebs beiträgt und zudem das Immunsystem der Katze schwächt. Eine Impfung ist möglich und bietet zuverlässigen Schutz. Wegen der Gefährlichkeit der Erkrankung sollte jede Katze auf sie getestet werden, ehe sie in ein neues Zuhause kommt. Denken Sie daran, dass die Krankheit nicht auf Menschen übertragbar ist, infizierte Katzen jahrelang ohne Probleme leben können und in seltenen Fällen das Immunsystem die Krankheit abwehrt. Deshalb ist eine regelmäßige Testung empfehlenswert (fragen Sie Ihren Tierarzt). Freilaufende Katzen müssen jährlich geimpft werden.

✚ 😺 **Katzenschnupfen (Virale Rhinotracheitis):** Erkrankung der oberen Atemwege. Verursacher ist ein Herpesvirus, das durch Speichel von Katze auf Katze übertragen wird. Für junge Katzen kann es tödlich sein. Erwachsene Katzen können es jahrelang im Körper haben und andere Katzen infizieren. Impfung ist möglich, macht Katzen aber nicht vollkommen immun, sondern mildert lediglich die Schwere der Erkrankung. Häufig wird diese Impfung mit der Calcivirus- und der Panleukopenie-Impfung kombiniert.

✚ ☠ **Katzenseuche:** auch Panleukopenie genannt. Verursacher der Krankheit ist ein gefährliches Darmvirus, das Darmschleimhaut und Knochenmark angreift und Symptome hervorruft, die von Fieber und Zittern über Durchfall und Austrocknung bis hin zur Zerstörung weißer Blutkörperchen reichen. Bei jungen Katzen verläuft die Krankheit oft tödlich (Todesrate liegt bei 75 %). Die Impfung gewährleistet einen zuverlässigen Schutz für ein Jahr.

✚ ☠ **Tollwut:** Virusinfektion, die gewöhnlich durch den Biss eines infizierten Tieres übertragen wird und schwere Schädigungen des Nervensystems mit tödlichen Folgen hervorruft.

Chronische Krankheiten

✚ **Arthritis:** Entzündung der Gelenke, die häufig bei älteren Katzen auftritt. Übergewicht kann die Krankheit verschlimmern. Die Symptome können mit milden Schmerzmitteln gelindert werden. Geben Sie Katzen jedoch nie für Menschen bestimmte Schmerz- oder Arthritismedikamente.

✚ ☠ **Blasenfunktionsstörung:** Die Harnwege der Katze sind für eine Vielzahl von Erkrankungen anfällig, die von Blasenreizungen bis hin zu Harnwegsverstopfung (der Harnleiter von Katern wird durch Schleim oder Harngries blockiert) reichen. In allen Fällen kann dies für die Katze sehr schmerzhaft sein. Scheint Ihre Katze Probleme beim Wasserlassen zu haben, kontaktieren Sie umgehend Ihren Tierarzt.

✚ ☠ **Diabetes:** Wie bei Menschen ist diese Funktionsstörung darauf zurückzuführen, dass die Bauchspeicheldrüse den Blutzuckerspiegel nicht mehr durch das Hormon Insulin regulieren kann. Bei einer Form der Krankheit bildet die Bauchspeicheldrüse nicht genügend Insulin, bei einer anderen arbeitet das Insulin nicht richtig. Besonders anfällig für Diabetes sind übergewichtige Katzen. Die Krankheit kann durch eine Ernährungsumstellung und/oder Medikamente behandelt werden.

✚ ☠ **Herzerkrankungen:** Hier kann es sich um eine genetisch bedingte oder um eine erworbene Funktionsstörung handeln. Letztere tritt bei Katzen jedoch erheblich häufiger auf. Die Ursache sind oft geschädigte oder fehlgebildete Herzklappen. Meist wird die Erkrankung bei Routineuntersuchungen diagnostiziert. Heilung ist nicht möglich. In vielen Fällen bekommt man das Problem aber durch Medikamente, Änderungen in der Lebensweise und sorgfältige Beobachtung in den Griff.

✚ ☠ **Krebs:** Krebserkrankungen treten bei Katzen sehr häufig auf. Wie bei Menschen können Tumore durch operative Eingriffe, Medikamente und Bestrahlung behandelt werden. Der Erfolg hängt von der Krebsart, der Behandlungsweise und dem Zeitpunkt der Diagnose ab.

✚ ☠ **Nierenerkrankungen:** Wenn die Katze älter wird, können chronische Nierenerkrankungen auftreten. Die Nieren filtern Giftstoffe nicht mehr so effizient aus dem Blut, wodurch diese sich langsam im Körper der Katze ansammeln. Katzen mit dieser Erkrankung trinken erheblich mehr und setzen mehr Harn ab als normal. Eine Ernährungsumstellung und Medikamente können die Erkrankung verlangsamen, aber letztlich sterben viele Katzen an Nierenversagen. Die beste Vorbeugung ist eine artgerechte Ernährung.

✚ ☠ **Schilddrüsenüberfunktion:** tritt bei älteren Katzen auf und wird durch eine Überproduktion des Schilddrüsenhormons verursacht. Diese kann zu einer unkontrollierten Erhöhung des Stoffwechsels führen, die ihrerseits starken Gewichtsverlust und eine Schädigung innerer Organe zur Folge hat. Die Krankheit kann durch Medikamente, eine Operation und/oder eine Radio-Jodtherapie behandelt werden.

Erbliche Krankheiten

In einigen Fällen sind Rassekatzen anfällig für genetische Krankheiten. Aber dieses Problem ist bei Katzen nicht annähernd so ausgeprägt wie bei Hunden, die seit Jahrtausenden intensiv gezüchtet werden. Es entsteht, weil die Paarung von Katzen zur Betonung wünschenswerter Merkmale (wie etwa seidiges Fell oder eine interessante Zeichnung) auch unerwünschte Eigenschaften verstärken kann. So sind z.B. Colourpoints anfällig für Katarakte. Einige Perservarianten leiden unter polyzystischer Nierendegeneration, bei Manxkatzen können schwere Skelettdeformationen auftreten.

Dies bedeutet nicht, dass Sie auf ein bestimmtes Modell verzichten müssen, sondern lediglich, dass Sie sich auf seine speziellen Bedürfnisse einstellen sollten. Sprechen Sie mit Ihrem Tierarzt über die Stärken und Schwächen verschiedener Katzenmodelle. Denken Sie auch daran, dass No-Name-Produkte fast immer frei von den genetischen Abnormitäten sind, die man bei Rassekatzen findet.

Allergien

Eine Allergie ist eine Funktionsstörung im Immunsystem, die eine Überreaktion auf bestimmte Umweltfaktoren (so genannte Allergene) bewirken kann. Allergien treten bei Katzen ebenso häufig auf wie bei Menschen. Aber während Menschen gewöhnlich unter Atemwegsbeschwerden (laufende Nase, Niesen) leiden, können bei allergischen Katzen dermatologische Probleme (Jucken, Haarausfall usw.) und Beschwerden im Magen-Darm-Trakt (Erbrechen und/oder Durchfall) auftreten. Leider können Katzen auf eine Vielzahl von Dingen allergisch sein (von Futter über Flohbisse bis hin zu Gras). Die individuellen Reaktionen auf Allergene reichen von leichtem Unwohlsein bis hin zu lebensbedrohlichen Zuständen (einschließlich dem Anschwellen und Verschluss der Luftwege). Futtermittelallergien können zu Erbrechen und/oder Durchfall führen. Allergische Reaktionen auf Insektenstiche sind mitunter sehr schwer und können einen möglicherweise tödlichen anaphylaktischen Schock verursachen. Sollten Sie den Verdacht haben, dass Ihre Katze an einer Allergie leidet, konsultieren Sie Ihren Tierarzt.

EXPERTENTIPP: Versuchen Sie bei der Ermittlung der Ursache einer Allergie festzustellen, ob sich unmittelbar vor dem Auftreten der Symptome an der Umgebung der Katze etwas Wesentliches geändert hat. Manche Katzen reagieren recht heftig auf äußere Faktoren wie den Geruch eines neuen Teppichs, frische Anstriche und sogar den Geruch eines neuen Elektrogeräts. Viele Katzen sind auch auf Kunststoff allergisch.

Gifte

Katzen sind von Natur aus neugierig und fressen auf ihren Erkundungstouren mitunter fragwürdige Dinge. Sollten Sie dies beobachten, spülen Sie der Katze (falls möglich) sofort das Maul mit Wasser aus, um Reste zu entfernen. Bleiben Sie dabei ganz ruhig, sonst gerät die Katze vielleicht in Panik und flüchtet sich an einen unerreichbaren Platz. Sperren Sie das Tier in ein Zimmer und kontaktieren Sie Ihren Service-Provider oder die Giftzentrale für weitere Instruktionen. Sollten Sie die Katze dem Fachmann vorstellen müssen, nehmen Sie nach Möglichkeit die Packung mit, in der sich das Gift befunden hat.

Aspirin: ist selbst in kleinen Dosen giftig und verursacht neben anderen Funktionsstörungen Nierenversagen, Magengeschwüre und eine Entzündung der Leber. Symptome: Blut im Erbrochenen, Bauchschmerzen, Mattigkeit und/oder Koma. Gegenmaßnahmen: Hat die Aufnahme gerade erst stattgefunden, bringen Sie die Katze zum Erbrechen (Seite 182). Gehen Sie dann sofort zum Tierarzt. Beginnt die Behandlung erst nach Auftreten von Symptomen, ist die Prognose schlecht.

Blei: Dieses Gift findet sich oft in abblätternder alter Farbe. *Symptome:* Appetitlosigkeit, Gewichtsverlust, Erbrechen bis hin zu Krämpfen, Lähmung, Erblindung, Koma. *Gegenmaßnahmen:* Symptome einer Bleivergiftung entwickeln sich langsam. Bitten Sie im Verdachtsfall Ihren Tierarzt um eine Blut- oder Urinuntersuchung.

✚ ☠ **Frostschutzmittel:** Katzen können durch den süßen Geruch von Frostschutzmittel angelockt werden. *Symptome:* Krämpfe, Gleichgewichtsstörungen, Erbrechen, Koma, Tod. *Gegenmaßnahmen:* Sollten Sie absolut sicher sein, dass die Katze Frostschutzmittel verschluckt hat, bringen Sie sie zum Erbrechen und suchen Sie umgehend ärztliche Hilfe. Aber selbst bei sofortiger Behandlung ist die Vergiftung oft tödlich.

✚ ☠ **Paracetamol:** Eine einzige 500-mg-Tablette dieses rezeptfreien Schmerzmittels (Wirkstoff in Thomapyrin) reicht aus, um eine erwachsene Katze zu töten. *Symptome:* Erbrechen, Speicheln, Blut im Urin und/oder braun oder blau gefärbte Schleimhäute. *Gegenmaßnahmen:* Hat die Katze das Mittel gerade erst verschluckt, sorgen Sie dafür, dass sie sich erbricht. (Siehe »Erbrechen herbeiführen«, Seite 182.) Dann suchen Sie umgehend den Tierarzt auf. Die Prognose ist aber selbst bei sofortiger Hilfe sehr schlecht.

✚ ☠ **Ratten- und Mäusegifte:** Katzen können durch Fressen dieser Gifte, ja selbst durch Vertilgen von Ratten oder Mäusen, die die Gifte gefressen haben, erkranken. *Symptome:* Krämpfe, Steifigkeit, Blutungen und/oder Kollaps. Ein verbreitetes Gift in diesen Produkten ist Warfarin, das die Blutgerinnung hemmt. *Gegenmaßnahmen:* Die beste Vorgehensweise hängt von dem im Gift enthaltenen Wirkstoff ab. Suchen Sie sofort den Tierarzt auf und nehmen Sie wenn möglich die Packung mit.

✚ ☠ **Zink:** ist in vielen Produkten wie z.B. Sonnenschutzmitteln und Shampoos enthalten. Das Metall kann schwere Zellschädigungen an inneren Organen verursachen. *Symptome:* in geringen Dosen Erbrechen, Bauchschmerzen, Durchfall; bei großen Mengen schwere Anämie, Gelbsucht, Blut im Urin, multiples Organversagen. *Gegenmaßnahmen:* Suchen Sie sofort den Tierarzt auf. Bei hohen Dosen ist eine Behandlung meist erfolglos.

Andere gefährliche Substanzen

Die meisten Katzenhalter wissen um die Bedeutung, Chemikalien und Gifte katzensicher aufzubewahren. Möglicherweise ist ihnen aber nicht klar, dass auch viele Dinge des täglichen Lebens giftig sind. Nachfolgend finden Sie eine Liste scheinbar harmloser Sachen, die bei Katzen zu Systemversagen führen können.

Alkohol: für Katzen selbst in kleinen Mengen giftig.

Duftöle: können innere Verletzungen und Verätzungen und, äußerlich aufgetragen, Hautreizungen hervorrufen.

Kiefern- oder Zitrusöle: häufig in Putzmitteln enthalten. Sie können zahlreiche Probleme von Bauchschmerzen bis hin zu Organschäden verursachen.

Koffein: gefährlich für Katzen. Sie dürfen keinen Zugang zu koffeinhaltigen Limonaden, Tee, Kaffee und Kaffeepulver haben.

Lilien: Alle Teile von Osterlilie, Tigerlilie, Taglilie und anderen Liliengewächsen sind für Katzen giftig. Ihr Verzehr führt zu Nierenversagen und bei ausbleibender Behandlung zum Tod.

Macadamianüsse: Ein bisher unbekanntes Gift in diesen Nüssen kann bei Katzen Muskelzittern, Lahmheit, Gelenksteifigkeit und hohes Fieber hervorrufen.

Mottenkugeln: können neben anderen Problemen lebensbedrohliche Leberschäden verursachen.

Münzen: Münzen, die sehr viel Zink enthalten, wirken, wenn sie verschluckt werden, extrem giftig.

 **Schokolade:** Je »reiner« das Produkt, desto giftiger ist es für Katzen. Blockschokolade ist z.B. gefährlicher als Vollmilchschokolade.

 **Tabak:** Das in Tabak enthaltene Nikotin greift Nerven- und Verdauungssystem der Katze an und kann zu Herzrasen, Koma und sogar Tod führen. Neuere Studien belegen auch, dass Katzen, die Tabakrauch passiv inhalieren, ein doppeltes Risiko haben, an einer Krebsart zu erkranken, die als malignes Lymphom bezeichnet wird.

EXPERTENTIPP: Die Wahrscheinlichkeit, dass Katzen dergleichen Dinge verschlucken, ist größer, als Sie vielleicht glauben. Da Katzen selbstreinigend sind, lecken sie alles ab, das auf ihr Fell oder ihre Pfoten gelangt. Deshalb ist es wichtig, jede fremde Substanz auf der Oberfläche der Katze umgehend zu entfernen. (Siehe »Baden«, Seite 132.)

Erbrechen herbeiführen

Flößen Sie der Katze 3%iges Wasserstoffperoxid ein, und zwar 1 TL oder 5 ml pro 2,25 kg Körpergewicht. Wiederholen Sie dies im Abstand von 10 Minuten, bis die Katze erbricht, aber nicht öfter als dreimal. Brechwurzelsirup darf nur nach tierärztlicher Anweisung verabreicht werden. Bei falscher Anwendung ist er für Katzen giftig.

Trauma

Selbst bei reinen Wohnungskatzen treten mitunter schwere Funktions-störungen auf. Die Ursachen sind vielfältig und können von schlechtem Wetter bis hin zu nicht autorisierten unkontrollierten Begegnungen mit Hunden reichen. In solchen Situationen ist ein schnelles entschlosse-nes Handeln seitens des Users der erste Schritt zur vollständigen Ge-nesung.

⚠ *ACHTUNG: Eine verletzte Katze flüchtet sich oft instinktiv an einen si-cheren Platz – vielleicht an einen Platz, wo sie unerreichbar ist. Wenn mög-lich, sollten Sie die Katze in einen Raum sperren und dann mit Worten be-sänftigen. Es ist äußerst wichtig, dass die Katze sich beruhigt und unter Kontrolle bleibt.*

⚠ *EXPERTENTIPP: Außer in echten Notfällen oder bei extrem ruhigen, folgsamen Katzen ist es gewöhnlich ratsam, auf erste Hilfe zu verzichten und so rasch wie möglich den Tierarzt aufzusuchen. In vielen Fällen verschwen-det man mit dem Versuch, einer sich wehrenden, verängstigten Katze zu »helfen«, nur Zeit oder man verschlimmert sogar ihre Verletzungen.*

✚ **Augenprobleme:** Bei praktisch allen Augenproblemen von plötzlichem Schielen über Tränen bis zum Schließen eines Auges ist eine umgehende ärztliche Untersuchung empfehlenswert. Versuchen Sie niemals Fremdkör-per im Auge der Katze (Metall, Splitter usw.) selbst zu entfernen.

✚ ☠ **Blockade der Luftwege:** Eine Blockade der Atemwege (Ersticken) kann durch eine Verletzung, einen Fremdkörper im Hals oder eine schwere allergische Reaktion verursacht werden. Ist ein Erstickungsanfall nach we-nigen Minuten nicht vorbei, suchen Sie medizinische Hilfe. (Siehe auch »Maßnahmen bei Erstickungsgefahr«, Seite 193.)

✚ ☠ **Hitzschlag:** geht mit Pulsrasen, Hecheln, Bewusstlosigkeit und bis zu 41°C hohem Fieber einher. Setzen Sie die Katze in kühles (nicht eiskaltes) Wasser oder legen Sie ein in kühles Wasser getauchtes Handtuch auf die Katze. Begeben Sie sich umgehend zum Tierarzt.

✚ ☠ **Hundebiss:** Selbst anscheinend unbedeutende Bisswunden sollten vom Tierarzt untersucht werden, denn jeder Biss kann schwere Muskelschäden, innere Verletzungen und Infektionen (die meist nach 24 Stunden manifest werden) verursachen.

⚠ *ACHTUNG: Alle Bisse unbekannter Ursache sollten unabhängig von ihrer Schwere umgehend von einem Service-Provider begutachtet werden.*

✚ ☠ **Katzenbiss:** Eine Katze, die von einer anderen Katze gebissen wird, kann eine schwere Infektion und hohes Fieber bekommen. Im Maul der beißenden Katze vorhandene Bakterien können eine Infektion hervorrufen, die sich beim Bissopfer oft als eitergefüllter Abzess manifestiert. Zum Glück lassen sich Abszesse durch fachgerechte Reinigung und Antibiotika leicht behandeln.

⚠ *ACHTUNG: Auch Menschen mit Katzenbissen sollten einen Arzt aufsuchen.*

✚ ☠ **Knochenbruch:** Halten Sie die Katze ruhig. Schienen Sie den Bruch nicht. Sollte der Knochen die Haut durchstoßen haben (offener Bruch), bedecken Sie die Wunde mit einem Verband oder einem sauberen Tuch. Falls die Katze sich wehrt, wickeln Sie sie in ein Handtuch ein, um weiteren Verletzungen vorzubeugen. Begeben Sie sich umgehend zum Tierarzt.

✚ ☠ **Schwere Verletzung und/oder VAA (Von Auto angefahren):** Wickeln Sie die Katze in ein Handtuch, damit sie nicht um sich schlagen kann. Auf blutende Brustwunden legen Sie ggf. ein sauberes Tuch und drücken dann darauf. Begeben Sie sich sofort zum Tierarzt.

✚ ☠ **Stark blutende Wunde:** Legen Sie ein sauberes Handtuch auf die Wunde. Üben Sie dann direkten Druck aus, um den Blutfluss zu verringern. Versuchen Sie aber niemals Blutgefäße abzuklemmen. Suchen Sie umgehend ärztliche Hilfe.

✚ ☠ **Stromschlag:** Möglicherweise hat die Katze Verbrennungen an Mund, Zunge und/oder Pfoten. Suchen Sie sofort den Tierarzt auf.

Viren im System

Es gibt verschiedene innere und äußere Parasiten, die in die Systeme Ihrer Katze eindringen können. Häufig beeinträchtigen sie dann ihre Leistungsfähigkeit, verursachen akute Beschwerden oder bewirken sogar einen kompletten Systemausfall. Die meisten dieser Probleme lassen sich jedoch durch sorgfältige Wartung und Eingreifen des Service-Providers abstellen oder von vornherein vermeiden.

Innere Parasiten

✚ **Bandwürmer:** Die Eier dieser Parasiten finden sich in Flöhen, Kot und vielen Beutetieren der Katze. Befallene Katzen können lethargisch wirken, zeigen aber mitunter gar keine Symptome. Ein verräterisches Zeichen sind die reiskornähnlichen Körpersegmente des Wurms, die gelegentlich von der Katze ausgeschieden werden. Sie können sich an ihrem Fell, an ihrem Schlafplatz oder in der Katzentoilette finden. Eine Entwurmung schafft Abhilfe.

✚ ☠ **Fadenwürmer:** 7 – 12 cm lange Parasiten, die im Dünndarm leben, wo sie ihrem Wirt Nährstoffe rauben. Sie treten am häufigsten bei Jungtieren auf, die aufgeblähte Mägen bekommen können. Man findet die Würmer möglicherweise in Erbrochenem oder im Kot. Unbehandelt können sie starke Beschwerden verursachen, in seltenen Fällen auch den Tod herbeiführen. Eine Entwurmung beseitigt das Problem. Diese Parasiten können auf Menschen übertragen werden.

✚ **Gardien:** Zur Familie der Protozoen gehörende Parasiten, die im Darm der Katze leben und dort die Aufnahme von Nährstoffen beeinträchtigen. Vom Tierarzt verabreichte Medikamente beseitigen das Problem. Auch Menschen und Hunde können von Gardien befallen werden. Bisher ist jedoch unklar, ob es sich um den gleichen Stamm handelt.

✚ ☠ **Herzwürmer:** von Mücken übertragene Parasiten, die bis zu 30 cm lang werden können. Sie setzen sich im Herzen fest und richten sowohl im Herzen als auch in der Lunge schweren Schaden an. Katzen sind für Herzwürmer weniger anfällig als Hunde, können aber dennoch von ihnen befallen werden. Herzwürmer sind in Deutschland aber eine noch sehr seltene Erkrankung.

✚ ☠ **Kokzidien:** einzellige Darmparasiten, die für erwachsene Katzen meist ungefährlich sind, bei Jungtieren aber blutigen Durchfall verursachen können, der lebensbedrohlich ist. Ein sofortiger Besuch beim Tierarzt schafft das Problem aus der Welt.

Äußere Parasiten

✚ **Katzenflöhe:** Bei gesunden erwachsenen Katzen sind Flöhe meist nur unangenehm. Bei stark befallenen Jungtieren oder geschwächten erwachsenen Tieren können sie jedoch einen lebensbedrohlichen Blutverlust herbeiführen. Sie rufen zudem mitunter allergische Reaktionen hervor und können sogar die Katzenkratzkrankheit auf den Menschen übertragen. Geringer bis mittelstarker Befall kann durch Shampoos und Medikamente beseitigt werden. Erkundigen Sie sich bei Ihrem Tierarzt, welche Maßnahme richtig ist.

⚠ *ACHTUNG: Verwenden Sie nie zur Behandlung von Hunden bestimmte Entflohungsmittel. Sie können Katzen sehr krank machen oder sogar ihren Tod verursachen.*

✚ **Ohrmilben:** kleine spinnenartige Parasiten, die in den Gehörgängen der Katze leben, wo sie die Haut anstechen und Lymphflüssigkeit saugen. Dies kann so unangenehm sein, dass die Katze sich die Ohren blutig kratzt. Ohrmilben verbreiten sich unter Katzen sehr leicht. Das Problem lässt sich jedoch durch Ohrentropfen und eine behutsame Reinigung der Ohren lösen.

⬤ ÄUSSERE PARASITEN

1. **Ohrmilben:** reizen die Gehörgänge
2. **Flöhe:** meist nur unangenehm, für Jungtiere mitunter aber tödlich, übertragen Bandwürmer
3. **Zecken:** können Borreliose übertragen
4. **Ohrmilben** mit Ohrentropfen behandeln
5. **Flöhe** mit Shampoos und Medikamenten bekämpfen
6. **Zecken** mit Pinzette entfernen

⬤ INNERE PARASITEN

7. **Kokzidien:** leben im Darm
8. **Gardien:** leben im Darm
9. **Bandwürmer:** leben im Darm
10. **Fadenwürmer:** leben im Dünndarm
11. **Der Tierarzt** gibt Medikamente, um Parasitenbefall zu verhindern oder zu beseitigen.

Viren im System: Diese Parasiten können bei Ihrer Katze extremes Unbehage

✚ **Zecken:** Da Katzen sehr reinlich sind, entfernen sie viele dieser Blutsauger beim Putzen selbst. Zecken können sich jedoch auch an schwer erreichbaren Stellen wie etwa auf dem Kopf oder zwischen den Zehen festsetzen. Sollte Ihre Katze ins Freie gehen, suchen Sie sie regelmäßig nach Zecken ab. Zecken werden mit einer Pinzette entfernt und in Alkohol ertränkt. Vorsicht: Zecken können Krankheiten wie Borreliose auf Menschen übertragen.

Verhaltensstörungen

Funktionsstörungen können nicht nur in der Hardware auftreten. Bei manchen Katzen kommen auch Softwarefehler vor, die von Spezialisten behoben werden müssen. Aber Probleme, die eines externen Eingriffs seitens eines Software-Spezialisten bedürfen, sind recht selten.

Aggression: Probleme auf diesem Sektor können z.B. aggressives Verhalten gegenüber dem Besitzer oder anderen Katzen und auf Angst basierende Aggressionen sein. Mitunter manifestieren sich Aggressionen in zu angriffslustigem Spiel (mit Krallen und Zähnen). In manchen Fällen liegt ihm ein noch nicht modifiziertes Beutefang-Programm zugrunde. Hier kann eine Verlängerung der Spielzeit für Abhilfe oder Besserung sorgen. Sollten die Attacken der Katze aber zu einer physischen Gefahr werden, ist möglicherweise professionelle Intervention erforderlich.

Depression: Der wahre Gemützstand von Katzen wird für User immer ein Geheimnis sein, da sie sich nicht verbal mitteilen können. Katzen zeigen mitunter jedoch Verhaltensweisen, die einer Depression ähneln. Tiere, die z.B. einen Menschen oder Katzengefährten verloren haben, können längere Zeit unter Stimmungsschwankungen leiden, übermäßig viel schlafen und appetitlos sein. Es sind sogar Fälle bekannt, in denen »trauernde« Katzen sich durch anhaltendes Hungern selbst Schaden zufügten.

Essstörungen: Katzen, die die Kraftstoffaufnahme verweigern, können deprimiert oder ärgerlich sein. Andere Katzen sind nur extrem heikel. Dieses Problem können Besitzer unwissentlich verschulden, wenn sie zu abwechslungsreiche Energielieferanten anbieten. Deshalb sollte das Kraftstoffangebot von vornherein begrenzt werden. Falls Ihre Katze aber ganz plötzlich nicht mehr frisst oder ihre Kraftstoffzufuhr radikal ändert, muss der Tierarzt abklären, ob eine mechanische Funktionsstörung vorliegt.

Nuckeln: Katzenkinder, die von ihrer Mutter getrennt werden, ehe sie vollkommen entwöhnt sind, versuchen gelegentlich an der Haut, der Kleidung und/oder den Fingern ihrer Besitzer zu nuckeln. Es gibt kaum Möglichkeiten, diesen etwas verwirrenden, aber völlig harmlosen Programmfehler zu beheben.

Psychosomatische Beschwerden: Untersuchungen lassen vermuten, dass kleinere körperliche Beschwerden bei Katzen (wie Magenverstimmungen, Blasenentzündungen und anhaltendes Erbrechen) stressbedingt sein können. In diesen Fällen ist es (nachdem Ihr Tierarzt mechanisches Versagen ausgeschlossen hat) am besten, die Stressursache zu beseitigen.

Zwangsneurotische Verhaltensweisen: Bei Katzen kommt zwanghaftes Verhalten oft auf die gleiche Weise zum Ausdruck wie bei Menschen. Betroffene Tiere tun möglicherweise Dinge (wie exzessives Putzen oder Haare ausreißen), die sinnlos oder sogar schädlich erscheinen. In manchen Fällen ist die Ursache Trennungsangst, Langeweile oder Stress. Die Behandlung durch einen Tierarzt oder Medikamente kann hilfreich sein, oft ist es aber die einfachste Lösung, der Katze mehr Aufmerksamkeit zu schenken.

Maßnahmen bei Erstickungs- gefahr

Folgende Techniken können hilfreich sein, wenn eine Katze zu ersticken droht. Doch Vorsicht: Bei falscher Durchführung oder Anwendung an einer Katze, deren Luftwege nicht blockiert sind, können sie schwere Verletzungen verursachen.

[1] Nehmen Sie der Katze ggf. das Halsband ab.

[2] Öffnen Sie der Katze das Maul und schauen Sie in den Rachen (Abb. A). Sollte der Fremdkörper zu sehen sein, entfernen Sie ihn, falls die Katze dies zulässt (Abb. B). Versuchen Sie das Objekt nur zu entfernen, wenn Sie es genau erkennen. Katzen haben an der Basis ihrer Zunge kleine Knochen, die versehentlich für Hühnerknochen gehalten werden können.

[3] Heben Sie die Katze an den Hinterbeinen hoch, so dass sie kopfüber herabhängt (Abb. C). Mitunter reicht dies aus, um den Fremdkörper aus dem Rachen zu lösen.

[4] Alternativ zu Schritt 3 können Sie mit der flachen Hand einmal kräftig zwischen die Schulterblätter der Katze klopfen (Abb. D). Zeigt keine dieser Techniken Wirkung, müssen Sie den Heimlich-Handgriff anwenden (Abb. E):

[5] Umfassen Sie dazu die Katze von hinten am Bauch und halten Sie sie gegen Ihren Körper. Legen Sie eine Faust direkt unter die Rippen.

[6] Drücken Sie den Bauch drei- bis fünfmal schnell und fest mit der Faust zusammen.

[7] Schauen Sie in das Maul der Katze, ob sich der Fremdkörper gelöst hat. Falls nicht, wiederholen Sie das Manöver.

EXPERTENTIPP: *Auch bei erfolgreicher Entfernung des Fremdkörpers muss die Katze zum Tierarzt gebracht werden, da sie dabei innere Verletzungen davongetragen haben kann.*

Notfalltransporte

Verletzte Katzen sollten mit größter Vorsicht angefasst und transportiert werden. Eine Katze, die Schmerzen hat, greift möglicherweise alle an, die ihr helfen wollen. Folgende Vorgehensweisen tragen zum Schutz von Katze und Besitzer bei.

[1] Bewahren Sie Ruhe. Sollte die verletzte Katze z.B. von einem Auto angefahren worden sein, vergewissern Sie sich, dass die Straße frei ist, ehe Sie dem Tier zu helfen versuchen.

[2] Nähern Sie sich der verletzten Katze langsam. Wenn sie spuckt, knurrt, ihre Zähne entblößt oder andere Anzeichen von Angst und/oder Aggression zeigt, ist Vorsicht geboten.

[3] Wickeln Sie die Katze in ein großes Handtuch oder eine Decke. So kann sie nicht kratzen.

[4] Falls die Katze keine Luft bekommt oder stark blutet, leisten Sie vor oder während des Transports erste Hilfe. (Siehe »Maßnahmen bei Erstickungsgefahr« Seite 193 und »Trauma« Seite 183.)

[5] Rufen Sie vor dem Transport nach Möglichkeit in der Tierklinik an, um sich anzukündigen. Geben Sie dem Personal alle wichtigen Informationen über den Zustand der Katze.

[6] Heben Sie die Katze behutsam hoch. Versuchen Sie dabei ihren Körper zu stabilisieren. Legen Sie das Tier in einen Transportkorb. Versuchen Sie die Katze auf dem Weg in die Tierklinik ruhig zu halten.

[Appendix]

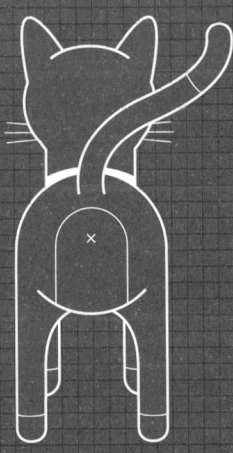

Fehlersuche

Zum einfachen Gebrauch des Buchs enthält dieser Teil Antworten auf häufig gestellte Fragen zum Verhalten, zu Funktionsstörungen und zu Eigenarten bei Katzen. Sollten bei Ihrem Modell Probleme auftreten, sehen Sie zuerst hier nach.

FUNKTIONSSTÖRUNG	URSACHE UND PROBLEMLÖSUNG
Die Katze versteigt sich in einem Baum.	Durch eine Besonderheit in ihrer Bauweise können Katzen sehr leicht Bäume hinauf-, aber nur schlecht wieder herunterklettern. Zum Aufstieg bedient sich die Katze ihrer kräftigen Hinterbeine und ihrer nach innen gebogenen Krallen. Beim Abstieg ist sie jedoch auf ihre schwächeren Vordergliedmaßen angewiesen, und ihre Krallen nutzen ihr nichts, da sie in die falsche Richtung zeigen. Deshalb müssen Sie aber nicht gleich die Feuerwehr rufen. Der gute Gleichgewichtssinn der Katze verhindert, dass sie vom Baum fällt. Irgendwann wird sie von allein herunterklettern – oft mit dem Heck voran.
Die Katze tötet Mäuse und/oder Vögel und bringt sie Ihnen nach Hause.	Katzen kennen keine Rudelstrukturen, betrachten ihren Besitzer aber vielleicht als Familie und beschließen deshalb, ihre Beute mit ihm zu teilen. Am besten machen Sie keine Szene. Beseitigen Sie den Kadaver einfach und lassen Sie die Katze nicht mehr allein ins Freie.
Die Katze belästigt mit Vergnügen Besucher, die sich vor Katzen fürchten oder sie nicht mögen, während sie Katzenfreunde ignoriert.	Menschen, die Katzen mögen, starren sie oft an. In der Katzenwelt gilt dies aber als aggressive Herausforderung, und deshalb meiden Katzen manchmal Menschen, die ihnen zu viel Aufmerksamkeit schenken. Umgekehrt gehen sie mitunter zu Leuten, die keinen Augenkontakt aufnehmen – selbst wenn diese Katzen nicht mögen.

FUNKTIONSSTÖRUNG	URSACHE UND PROBLEMLÖSUNG
Die Katze scheint Ihre neue Liebe nicht ausstehen zu können.	Das ist bei einer Katze nicht ungewöhnlich, und es ist auch nicht ungewöhnlich, dass sie ihre Abneigung unmissverständlich zum Ausdruck bringt (sie knurrt oder uriniert sogar auf ihre/seine Kleidung). Das muss jedoch nicht so bleiben. Legen Sie getragene Kleidungsstücke der/des Neuen neben den Futternapf der Katze, damit sie sich an den neuen Geruch gewöhnen kann. Oder ziehen Sie ein Kleidungsstück Ihrer/Ihres Liebsten an, wenn Sie die Katze auf den Arm nehmen. Lassen Sie die fragliche Person Ihre Katze füttern oder sanft mit ihr spielen. Alle diese Dinge können zu einer Freundschaft führen – oder zumindest zur Tolerierung.
Die Katze klettert an Vorhängen hoch.	Versuchen Sie die Vorhänge mit Teleskopstangen zu befestigen, die auf die Katze herunterfallen, sobald sie einen Kletterversuch unternimmt. In den meisten Fällen wird sie dies von weiteren Versuchen abhalten.
Die Katze kaut auf Stromkabeln.	Dies muss aus nahe liegenden Gründen sofort unterbunden werden. Überziehen Sie die Kabel mit einer der Katze unangenehmen Substanz wie Tabascosauce, Orangen- oder Zitronenschale oder einem handelsüblichen Abschreckmittel. Sollte dies nicht helfen, verbergen Sie die Kabel in einem Kabelkanal (in Elektromärkten erhältlich).
Die Katze versteckt ihr Futter.	Manche Katzen »tarnen« nach dem Fressen ihre Futternäpfe mit einem Stück Stoff, Papier oder anderen Dingen. Hierbei handelt es sich wahrscheinlich um ein Überbleibsel der Software ihrer wilden Vorfahren, die halb gefressene Beute versteckten, um später zu ihr zurückkehren zu können.

FUNKTIONSSTÖRUNG	URSACHE UND PROBLEMLÖSUNG
Die Katze gibt ständig Lautäußerungen von sich, offenbar ohne bestimmten Grund.	Katzen können aus einer Reihe von Gründen zur »Hypervokalisation« neigen. Bei manchen Rassen wie etwa Siamesen ist dies fester Bestandteil des Betriebssystems. Dagegen kann man nichts tun. Wenn jedoch eine bislang ruhige Katze plötzlich mit Lärmattacken auf ihren Besitzer beginnt, kann dies an zahlreichen Software- und Hardwareproblemen liegen. Ein unkastriertes Weibchen »ruft«, wenn es rollig ist, nach einem Partner, und ein unkastrierter Kater antwortet vielleicht. Weitere Ursachen reichen von Hirntumoren bis hin zu körperlichen Schmerzen. In den meisten Fällen will die Katze aber vermutlich nur Aufmerksamkeit. Sollte das Problem fortbestehen, konsultieren Sie Ihren Service-Provider.
Die Katze trinkt nicht aus ihrem Wassernapf, sondern aus aufgedrehten oder tropfenden Wasserhähnen.	Katzen können genetisch so programmiert sein, dass sie fließendes Wasser stehendem vorziehen, vielleicht, weil sie es als frischer empfinden. Aber dieses Verhalten ist keineswegs typisch. Viele Katzen akzeptieren stehendes Wasser.
Die Katze kaut auf Wolle und anderen Textilien oder nuckelt daran.	Dieses merkwürdige, recht verbreitete Verhalten kann vielerlei Ursachen haben, die von genetischer Prädisposition (offenbar bei Siamesen besonders häufig) bis zu Langeweile reichen. Möglicherweise werden Katzen von Wollsachen (und in geringerem Maß von anderen Textilien) angezogen, weil deren Geruch und Beschaffenheit sie an Beutetiere erinnern. Sollte die Katze Löcher in Kleidungsstücke fressen, bewahrt man diese am besten katzensicher auf.

FUNKTIONSSTÖRUNG	URSACHE UND PROBLEMLÖSUNG
Die Katze miaut, aber es kommt kein Laut heraus.	Dies ist nur scheinbar so. Die Katze miaut, aber Sie können es nicht hören, weil der Laut in einem für das menschliche Gehör nicht mehr wahrnehmbaren Frequenzbereich liegt.
Die Katze rutscht mit dem Heck über den Boden.	Möglicherweise sind die Afterdrüsen der Katze voll oder verstopft und müssen manuell entleert werden. Dies ist eine einfache Prozedur, die beim Service-Provider durchgeführt werden kann. Wenn Sie dieses Verhalten ignorieren, können die Afterdrüsen platzen.
Die Katze scheint Ihren Musikgeschmack nicht zu teilen.	Einige Katzen haben anscheinend kein Interesse an Musik, andere zeigen auf bestimmte Künstler und/oder Musikgattungen heftige negative Reaktionen. Katzen beispielsweise, die plötzliche, laute Geräusche verabscheuen, mögen Rockmusik oft nicht. Viele Katzen sind zudem von hohen Tönen irritiert, die an Hilferufe junger Katzen erinnern. Sollte Ihre Katze bei Ihrer Lieblings-CD offenbar in Erregung geraten, schalten Sie die Musik ab – oder wenigstens leiser.
Die Katze beißt obsessiv an ihren Nägeln.	In vielen Fällen entspricht dieses Verhalten genau der menschlichen Angewohnheit des Nägelkauens. Achten Sie auf Stressauslöser im Umfeld der Katze und versuchen Sie Abhilfe zu schaffen. Dies löst das Problem vielleicht.
Die Katze schläft an einem ungeeigneten Platz, wie etwa in einem Waschbecken, einem Küchenschrank oder dem Wäschekorb.	Machen Sie den Platz auf irgendeine Weise unzugänglich oder unattraktiv. Bieten Sie der Katze einen reizvolleren Ruheplatz an. Stellen Sie dort ein gemütliches Bett auf und benutzen Sie anfangs vielleicht ein Lockmittel wie einen Leckerbissen und/oder Katzenminze.

FUNKTIONSSTÖRUNG	URSACHE UND PROBLEMLÖSUNG
Die Katze gräbt in der Erde von Zimmerpflanzen und/oder benutzt sie als Toilette.	Decken Sie die Erde mit Alufolie ab und umwickeln Sie dann den Topf selbst mit Alufolie (Katzen mögen ihre Textur nicht). Verwenden Sie zur Abschreckung niemals Mottenkugeln. Der in manchen Marken enthaltene Wirkstoff Naphthalin ist für Katzen giftig.
Die Katze will gestreichelt werden, doch nach wenigen Sekunden faucht sie, kratzt und/oder läuft weg.	Dieses Verhalten ist möglicherweise auf einander widersprechende Software-Konfigurationen für den Umgang mit Menschen zurückzuführen. Einerseits ist Streicheln angenehm. Andererseits ist es für erwachsene Katzen völlig unnatürlich. Bei manchen Katzen wird dieses Dilemma dadurch offenkundig, dass sie erst Kontakt suchen und ihn dann entschieden zurückweisen. Am besten streicheln Sie die Katze, wenn sie dafür empfänglich scheint, und brechen beim ersten Anzeichen eines Stimmungswandels ab.
Die Katze frisst Gras.	Entweder benötigt die Katze bestimmte im Gras enthaltene Nährstoffe oder sie frisst es zur Unterstützung ihrer Verdauung. In beiden Fällen ist ein maßvoller Konsum natürlich und ungefährlich. Erlauben Sie der Katze jedoch nicht, Zimmerpflanzen (viele sind giftig) oder Rasen zu fressen, der erst kürzlich mit Chemikalien behandelt wurde.
Die Katze funktioniert nicht autonom, putzt sich nicht und ist suboptimal intelligent.	Konsultieren Sie Ihren Service-Provider. Möglicherweise haben Sie versehentlich einen Hund angeschafft.

Technische Unterstützung / Wichtige Adressen

Die folgenden Institutionen bieten Katzenbesitzern wertvolle Informationen und/oder Dienste an.

www.miau.de: Gut besuchte Seite für Hilfe in Notfällen. Mit »Positiv-Liste« von Tierärzten, Adressen für Katzensitter, Katzenhoteladressen u.v.m. Zusätzlich bietet die Seite alles, was einen sonst noch rund um das liebste Haustier interessiert: Literaturempfehlungen, ein Katzenlexikon, Katzenhoroskope und ein schwarzes Brett und Diskussionsforum. Siehe auch **www.katzen-forum.de**

www.tierarzt.org: Tierärzte in Deutschland, der Schweiz und Österreich. Natürlich ohne Anspruch auf Vollständigkeit.

www.vetcontact.com/de: Wer sich echtes Fachwissen aneignen will, besucht die internationale Seite der Tierärzte, von der es auch eine deutsche Fassung gibt.

www.zooplus.de: Hier kann man Tierfutter beziehen, günstig und gut – und nicht nur die üblichen Supermarkt-Sorten. Außerdem vielbesuchte Seite bei medizinischen Fragen.

www.katzen.de: Ebenso gut besuchtes Forum, Tipps zur Haltung, Informationen zu den verschiedenen Rassen, mit Tierarztdatenbank; zusätzlich Katzenwitze, Katzenbücher, Katzenmemory, E-Postcards mit Katzenfotos etc.

www.welt-der-katzen.de: Seite mit Rasseinformationen (zu Hauskatze und Großkatzen) und Katzenvermittlung, Infos zu Biologie und Verhalten, Haltung der Katze, Ratschlägen rund um Katze und Mensch; mit einem Forum Rat & Hilfe, auf dem sich Katzenbesitzer austauschen können.

http://katzen.yellowpet.de: Alles zur Katze, mit guter Linksammlung; empfehlenswert ist die Rubrik »Kurioses«, die unter anderen die folgenden Seiten verlinkt:
> **www.reiki4all.de:** die auch Reiki für Katzen anbieten (z.B. bei Verhaltensproblemen oder zur Entspannung);
> **www.denk-keramik.de:** mit Minkas Kachelofen. Ein beheiztes »Kachelbett« für Katzen, die dort wie auf einem warmen Ofen sitzen oder schlafen können.

www.katze-und-du.de: Ein unabhängiges Online-Katzenmagazin.

www.tier-magazin.de: Unter »Einreise H + K« findet man Einreisebestimmungen für Katzen und Hunde innerhalb Europas. Wer in die USA reisen möchte, findet unter **www.usa.de** (dann Reise, Zollbestimmungen für Haustiere) Informationen, wie die Katze mit auf Reisen gehen kann.

Glossar

■ **Abzeichen:** Bezeichnung für die Gesichtsmasken, Ohren, Pfoten und Schwänze bestimmer Rassekatzen wie Siamesen oder Colourpoints. Abzeichen sind stets dunkler als das übrige Fell.

■ **Allergen:** Substanz, die eine allergische Reaktion auslösen kann. Ein Protein in Schuppen und Speichel von Katzen kann bei Menschen zu allergischen Reaktionen führen.

■ **Allergie:** zur Überempfindlichkeit gesteigerte Reaktion des Immunsystems auf bestimmte Substanzen. Die Symptome reichen von leichten Hautreizungen und Magen-Darm-Problemen bis zu einem anaphylaktischen Schock, der lebensbedrohlich sein kann.

■ **Gedrungen:** beschreibendes Adjektiv für kompakte, kräftig gebaute Katzen wie etwa Perserkatzen.

■ **Grannenhaare:** kurze borstige Haare im Unterfell.

■ **Jacobson'sches Organ:** im Gaumen der Katze sitzendes Sinnesorgan, mit dem diese Sexuallockstoffe anderer Katzen wahrnehmen kann.

■ **Kastrieren:** beim Männchen Entfernen der Hoden, beim Weibchen Entfernen der Eierstöcke.

■ **Leithaar:** lange, grobe Haare, aus denen das Deckhaar weitgehend besteht.

■ **Mechanorezeptoren:** spezialisierte Sinnesorgane, die an der Basis der Fellhaare sitzen. Mit ihnen nimmt die Katze Dinge wie Körperkontakt oder Windrichtung wahr.

■ **Parasit:** Lebewesen, das in oder auf anderen Tieren (in diesem Fall Katzen) lebt und diese als Wirte benutzt. Beispiele sind Würmer, Flöhe und Ohrmilben.

■ **Points:** siehe Abzeichen.

■ **Queen:** unkastrierte und nicht sterilisierte weibliche Katze.

■ **Rassestandard:** ideale technische Spezifikationen für eine bestimmte Rasse, nach denen alle Mitglieder dieser Rasse beurteilt werden.

■ **Rolligkeit:** Phase, in der die weibliche Katze fortpflanzungsfähig ist.

■ **Sinneshaare, auch Schnurrhaare:** die steifen Haare im Gesicht der Katze, die ihr als Tastsensoren dienen.

■ **Vestibularapparat:** Organ im Innenohr, das für den Gleichgewichtssinn der Katze zuständig ist. Der Vestibularapparat erlaubt es ihr gewöhnlich, sich bei einem Sturz so zu drehen, dass sie auf den Füßen landet.

■ **Wollhaare:** weiche Haare dicht an der Haut, die Wärme spenden.

Index

Besitzerzertifikat

Herzlichen Glückwunsch! Sie haben nun alle Anweisungen dieser Betriebsanleitung gelesen und sind perfekt auf die Instandhaltung Ihrer neuen Katze vorbereitet. Mit der richtigen Wartung und Aufmerksamkeit wird Ihnen Ihr Modell viele Jahre lang Freude und Glück bereiten. Viel Vergnügen!

Name des Besitzers

Name des Modells

Lieferdatum

Geschlecht

Fellfarbe

Ggf. Rasse

Die Autoren:

DR. DAVID BRUNNER ist seit 25 Jahren Tierarzt und betreibt seit 22 Jahren die Indianapolis's Broad Ripple Animal Clinic, wo er sich auf die Behandlung von Kleintieren – Katzen und Hunden – spezialisiert hat. Sein erstes Buch war *The Dog Owner's Manual*. Er hat zwei Töchter namens Molly und Kendell, die beiden schwarzen Labradore Lucy und Noel und eine wunderbare Katze namens Maus.

SAM STALL ist Mitautor von *The Dog Owner's Manual* und *The Encyclopedia of Guilty Pleasures*. Er lebt mit seinem Kater Ted (einem ehemaligen Tierheimbewohner), drei Terriermischlingen und seiner Frau Jami in Indianapolis.

Die Illustratoren:

PAUL KEPPLE und **JUDE BUFFUM** sind besser bekannt als das Studio Headcase Design, das in Philadelphia angesiedelt ist. Über ihre Arbeit wurde in zahlreichen Designpublikationen berichtet wie z.B. *American Illustration*, *Communication Arts* und *Prints*. Vor der Eröffnung von Headcase 1998 arbeitete Paul mehrere Jahre für Running Press Book Publishers. Beide Illustratoren machten ihren Abschluss an der Tyler School of Art, an der sie heute unterrichten. Paul wurde von einem Paar strenger Maine Coons namens Sandy und Amesley großgezogen. Sie adoptierten ihn schon in einem frühen Alter und duldeten seine Anwesenheit in ihrem Heim. Jude versuchte mehrmals, sich einen Katzengefährten zuzulegen, doch Huxley – sein Boston Terrier – hat sich dies ausdrücklich verbeten.

Von den Illustratoren und Autoren ist ebenfalls erschienen: *Hund Betriebsanleitung* (Goldmann, 2015).